联栋式大温棚

厚土墙日光温室

棉被大棚

新型材料日光温室

竹竿大棚（竹竿面包棚）

中拱棚（3米跨度钢管棚）　　　　　中拱棚（4米跨度钢管棚）

竹片小拱棚　　　　　　　　钢丝小拱棚

日光温室越冬茬黄瓜套苦瓜

日光温室小番茄

日光温室越冬茬辣椒　　　　　　　日光温室丝瓜

大棚早春茬西瓜

大棚早春茬甜瓜

大棚早春茬黄瓜

大棚早春茬番茄

小拱棚早春甘蓝　　　　　　　　　小拱棚早春薄皮甜瓜

码上学技术·蔬菜生产系列

设施蔬菜
生产关键技术一本通

高丁石 等 主编

中国农业出版社

北 京

编 委 会

　　设施栽培是种植业的重要增效生产方式之一。利用日光温室、塑料大棚、拱棚等设施进行蔬菜生产，可为蔬菜作物创造适宜的生长环境，实现提前与延后栽培或延长作物生长期栽培，达到高产、优质、高效的栽培目的，从而保证蔬菜周年供应，农民收入增加。

　　设施栽培历史悠久，我国用温室进行蔬菜生产已有 2 000 多年的历史，当时人们已能利用纸做覆盖物，做成纸窗温室进行蔬菜生产。到了 18 世纪，在法国出现了玻璃做屋顶的玻璃温室。近代随着塑料工业的发展，塑料产品逐渐代替了玻璃，成为设施栽培的主要原料，成本大大降低，世界各国也从 20 世纪 60 年代中期开始，迅速发展设施农业生产。进入 21 世纪，随着人们生活水平的提高，对反季节农产品需求量不断增加，加上科学技术与设施栽培材料不断创新发展，设施栽培也不断加速发展。目前，设施农业已成为现代农业的显著标志，也是现代农业建设的重要组成部分，促进设施农业发展是实现农业现代化的重要任务。设施农业的快速发展，在有效保障我国蔬菜以及肉蛋奶等农产品季节性均衡供应，改善城乡居民生活中发挥了十分重要的作用。但是，我国目前设施农业的整体发展水平不高，机械化、自动化、智能化和标准化程度较低；科技创新能力较弱，生物技术、工程技术和信息技术的集成运用不够；资金投入不足，基础设施、机械装备和生产条件不配套；支持措施不完善，发展的规模、质量和效益还有待于进一步提高。

在"十四五"开局之际，在绿色发展的新阶段，在蔬菜总产量与市场需求量基本平衡，结构性和季节性稍有过剩，蔬菜总产量能满足消费需求，周年均衡供应水平比较高，品种日益丰富的情况下，人们对大宗蔬菜产品的需求由数量满足向高质量、多样化方向转变，大众消费理念已经迈入向绿色品质需求转化的新时期。为进一步规范设施蔬菜生产，提高生产技术水平和生产效益，结合近年来实践经验，我们组织编写了该书，旨在为设施蔬菜生产稳步发展尽些微薄之力。

本书的编写坚持基本理论和生产实践相结合的原则，讲述了日光温室、大棚、小拱棚的类型特点以及建造技术，根据近些年来的生产实践经验对主要设施中十几种蔬菜集约化高效栽培模式以及实用技术进行了阐述，同时对当前设施建造中和蔬菜生产中容易出现的问题与对策进行了介绍。本书内容通俗易懂，图文兼短视频，技术具体实用，生产操作性较强，并具有一定的可视性，适用于广大农民和基层农业科技人员。

由于编者水平有限，加上时间仓促，书中难免有不当之处，敬请广大读者批评指正。

编　者

2022 年 1 月

目 录
ontents

前言

01

一、对设施蔬菜生产的认识

（一）设施蔬菜生产的作用与意义

1. **设施蔬菜生产的作用**　蔬菜产业是我国仅次于粮食产业的大产业，蔬菜生产在我国农业生产中占有重要的地位，它是现代农业的重要组成部分，也是劳动密集型产业。蔬菜产业的不断发展，对保障市场供给、增加农民收入、扩大劳动就业、拓展出口贸易等方面具有积极作用，是实现农民增收、农业增效、农村富裕的重要途径，也是实现乡村振兴的重要产业。

传统的蔬菜生产同其他农作物生产一样，生产季节受到外界气候和季节的严格限制。由于多种蔬菜质地柔嫩、含水量大、不耐贮藏，并且人们有鲜食的习惯，因此，食用时间受到生产时间的制约，这种制约在冬季表现得更为突出。随着我国经济的迅速发展，人民生活水平的不断提高，城市规模的不断扩大，特别是城市人口的迅速增加，对日常生活必需品——蔬菜的质和量也提出了更高的要求，品种要多样化，要能做到四季供应，淡季不淡。蔬菜是人民生活中不可缺少的副食品，要周年不断供应新鲜、多样的蔬菜产品，仅靠露地栽培是很难达到目的的，虽然冬季露地能生产一些耐寒蔬菜，但种类单调，且若遇冬季寒潮或夏秋暴雨、连绵阴雨等灾害性天气，早春育苗和秋冬蔬菜生产都可能会遭受较大的损失，影响蔬菜的供应。借助棚室进行蔬菜生产，可促进早熟、丰产和延长供应期，满足消费者一年四季吃上新鲜蔬菜的要求。设施蔬菜也称为反季节蔬菜、保护地蔬菜，是在不适宜蔬菜生长发育的寒冷或炎热的季节，播种改良品种或利用专门的保温防寒或降温防热设备，人为地创造适宜蔬菜生长发育的小气候

1

条件进行生产。常见的设施栽培类型主要有风障栽培、阳畦栽培、地膜覆盖、塑料小拱棚栽培、塑料中棚栽培、塑料大棚栽培、日光温室栽培、连栋大棚栽培等。设施蔬菜生产是随着社会发展和技术进步由初级到高级、由简单到复杂逐渐发展起来的，形成了现有的各种各样的温室和大棚，并且达到了能调节温、光、水、肥、气等各种生态因子的现代化温室的程度。设施栽培是扩大蔬菜生产、实现蔬菜周年供应的一种有效途径，是发展高效农业、振兴农村经济的重要组成部分，也是现代农业的标志之一。设施蔬菜可以在冬季、早春进行生产，以获得多样化的蔬菜产品，提早和延迟蔬菜的供应期，在调节蔬菜周年均衡供应、满足人们生活需求、增加农民收入、提高土地利用率等方面起到重要作用。

归纳起来设施蔬菜生产有以下六个方面的作用。一是利用设施栽培可以于秋、冬、春季提早育苗，提早定植，提早上市，供应新鲜的蔬菜产品，丰富人们的餐桌，使人们有更多的选择。蔬菜淡季供应难的问题逐步得到克服，对丰富人们的生活起到了积极的作用。二是设施蔬菜的开发，能加速蔬菜生产的步伐，使蔬菜品种日益增多，高产高效，种植蔬菜的经济效益成倍增长。三是利用反季节栽培可以增加菜农的收入，解决农民就业问题。高投入和高产出的生产方式，也带动了其他产业的快速发展。四是能够减少蔬菜的运输费用，节约大量的资金。五是能够提高土地的利用率和产出率，这在我国耕地日益减少的情况下尤为重要。六是设施农业是现代化农业发展的标志。

2. 发展设施蔬菜生产的意义 设施农业技术密集化、集约化和商品化程度高。发展设施农业，可有效提高土地产出率、资源利用率和劳动生产率，提高农业效益和竞争力，既是当前农业农村经济发展新阶段的客观要求，也是克服资源和市场制约、应对国际竞争的现实选择，对于保障农产品有效供给，促进农业发展、农民增收，增强农业综合生产能力以及乡村振兴具有十分重要的意义。

（1）发展设施农业是转变农业发展方式、建设现代农业的重要内容 发展现代农业的过程，就是不断转变农业发展方式，促进农业水利化、机械化、信息化，实现农业生产又好又快发展的过程。设施农业通过对工程技术、生物技术和信息技术的综合应用，按照植物生长的要求控制最佳生产环境，具有高产、优质、高效、安全、周年生产的特点，实现了集约化、商品化、产业化，具有现代农业的典型特征，是技术高度密集的高科技现代农业产业。发展设施农业可以加快传统农业向现代化农业转变。

(2) 发展设施农业是调整农业结构、实现农民持续增收的有效途径 设施农业充分利用自然环境和生物潜能，在大幅提高单产的情况下保证质量和供应的稳定性，具有较高的市场竞争力和抵御市场风险的能力，是种植业和养殖业中效益最高的产业，也是当前广大农民增收的主要渠道之一。设施农业产业不仅是城镇居民的"菜篮子"，也是农民的"钱袋子"。促进设施农业发展，有利于优化农业产业结构、促进农民持续增收。

(3) 发展设施农业是建设资源节约型、环境友好型农业的重要手段 资源短缺和生产环境恶化是我国农业发展必须克服的问题，发展设施农业可减少耕地使用面积，降低水资源、化学药剂的使用量和单位产出的能源消耗量，显著提高农业生产资料的使用效率。设施农业技术与装备的综合利用，可以保证生产过程的循环化和生态化，实现农业生产的环境友好和资源节约，促进生态文明建设。

(4) 发展设施农业是增加农产品有效供给、保障食物安全的有力措施 优质园艺产品和畜禽产品的供应与消费，是衡量城乡居民生活质量的重要标志，也是农业基础地位和战略意义的具体体现。设施农业可以通过调控生产环境，提高农产品产量和质量，保证农产品的鲜活度和周年持续供应。发展设施农业有利于保障食物安全、改善民生和促进社会和谐稳定。

（二）新形势下设施蔬菜生产的矛盾与对策

"十三五"期间，蔬菜产业发展取得了较大进步，新品种、新模式、新技术、新设备、新机制等保障措施得到推广应用，蔬菜生产面积、产量稳定发展，质量安全水平持续提高，市场周年供应满足需求，绿色生产发展持续推进。在"十四五"开局之际，在绿色发展的新阶段，蔬菜产业的发展也遇到了新矛盾新问题，要正视矛盾与问题，采取相应的对策加以解决，促进蔬菜产业可持续发展。

1. 目前面临的新矛盾、新问题与解决对策

(1) 解决好人民对蔬菜产品高质量、多样化的需求与蔬菜生产、供应不适应的矛盾 目前我国蔬菜年播种面积甚大，总产量与需求总量基本平衡，结构性和季节性稍有过剩，总量绝对能满足消费需求，周年均衡供应水平也比较高，品种日益丰富，蔬菜数量不充足的问题早已经解决。随着人民生活水平的不断提高，人们对大宗蔬菜产品的需求由数量满足向高质量、多样化方向发展，大众消费理念已经转变为对绿色品质的需求。

蔬菜生产和供应的多样化，一是要求蔬菜种类多样化，这方面目前基本能够满足市场需求；二是要求蔬菜品种（类型）多样化，这方面存在一些问题，特别是应拒绝品种单一化倾向，比如番茄都是硬肉番茄，育种者、种植者和运销者一味追求贮运特性（品质），这绝对不能满足消费者多样化的需求。消费者对番茄品质有以下几种评价，说番茄发展"好大弃功"（即果实越来越大，功能性成分越来越少）；"好色失香"（即色泽越来越艳，香味越来越淡）；"怕硬欺软"（即硬果肉品种越来越多，果味变淡）；"喜糖厌酸"（即越来越甜，酸味越来越淡，维生素含量下降，糖尿病人群无果可吃）。另外，大宗和小宗蔬菜需合理、协调发展，以满足不同消费群体的需求，切不可小宗、特色产品一味要做大做强，导致产能过剩，产品低价烂地。同样，大宗产品不能一味追求高端，最终导致发展成小宗产品。

(2) 处理好蔬菜生产成本上升与生产效益下降的矛盾 当前，设施蔬菜生产综合成本在上升，生产效益不稳定甚至亏本也是常事。为此，从蔬菜研发和技术推广的角度看，应从两方面着手，一是节约降本，二是高产出且会营销。"十四五"期间，应采用"省力化"栽培（露地蔬菜无人机喷药、设施内病虫害弥粉机防治等）、节水节肥的水肥一体化、病虫害绿色防控、"双减一增"等技术措施，来节省生产投资成本（人工、种苗、农药、肥料、设施材料等）。同时还要提高产量和效益。高产是永恒的蔬菜栽培主题，高产的同时还需把握好市场，满足消费者对蔬菜高质量、多样化的需求，卖出好价钱，才能有高效益。

4

(3) 适应蔬菜市场价格阶段性和区域性波动的新常态　当前，我国蔬菜生产的态势早已进入"全国大生产、大市场、大流通"的阶段。由于产销信息的不对称，个别品种阶段性过剩，卖难、买贵以及贵卖现象同时存在，农户由于缺乏生产的基础数据，不具备分析能力，在种植种类与品种、种植时间方面存在一定的盲目性。所以近些年蔬菜市场不时出现蔬菜产品价格阶段性和区域性波动，一般全年菜价呈现"两头高"的态势属正常现象，蔬菜的生产者、消费者、经销者和管理者也在逐渐适应这种新常态。同时，有关部门也应加强市场产销信息的研究，通过分析可靠的大数据，及时发布产销信息，为蔬菜种植者提供一些正确的种植信息。

2. 新形势下设施蔬菜生产的发展趋势

(1) 发展蔬菜的绿色生产　蔬菜的绿色生产是今后发展必然的主题。近年来，国家有关部门出台了一系列关于农业绿色发展的相关文件，以便推进资源循环利用，实现节本增效、提质增效，探索产出高效、产品安全、资源节约、环境友好的现代农业发展之路。农业农村部印发的《农业绿色发展技术导则（2018—2030）》中指出："到2030 年，全面构建以绿色为导向的农业技术体系"，要集成推广壮苗培育、节水灌溉、精准施肥、轻简化栽培等绿色高质高效生产技术模式，提高蔬菜生产科技水平。我国将大力推广绿色生产方式，促进种植业持续发展，持续推进化肥减量增效，深入开展有机肥替代化肥，持续推进农药减量增效。

(2) 持续提高设施蔬菜土壤质量，逐步消减连作障碍的危害　设施蔬菜生产是现代农业产业的发展方向，在持续、规模化发展中，连作障碍问题始终影响着设施蔬菜的生产，始终是设施蔬菜产业的共性和重大生产问题。设施蔬菜的连作障碍，核心是土壤问题，提高土壤质量是持续发展的基础。设施蔬菜生产，要求土壤保持良好的团粒结构、质地特性和理化性状等。

提高设施蔬菜土壤质量要以提高土壤有机质含量为核心，大面积推广微喷滴灌、水肥一体化、蔬菜秸秆综合利用、病虫害绿色防控等新技术。河南科技学院蔬菜耕作栽培创新团队在研发的基础上，形成了以生物菌肥为核心的土壤保健技术模式，即采用"碳素有机肥（秸

5

秆肥)＋生物菌肥＋土壤调理剂＋钾肥＋土壤深翻"的模式，通过连年持续不断地施用，来恢复土壤、改善土壤、保健土壤。该技术能大大缓解设施蔬菜土壤连作障碍日趋严重的现象，达到设施蔬菜可持续生产的目的。

(3) 优选蔬菜优良品种，发挥品种和栽培"双优势" 优良品种在蔬菜生产中发挥着重要的基础作用。优良品种要求能满足市场和生产的双需求，而且生命周期较长。目前蔬菜品种的多、乱、杂与无序竞争是个大问题。优选蔬菜品种包括品种多样化的利用，例如早、中、晚熟品种搭配，设施及茬口选用专用品种，以解决周年均衡供应的问题。培育富含功能性成分的品种，以及适合轻简化、绿色发展的多抗品种等，都是育种者培育优良品种的发展方向。优良品种还包括优良的砧木品种。在蔬菜嫁接育苗普及的情况下，砧木在很大程度上能影响到产品的品质。育种者和育苗企业应提供市场需要的优良砧木和优质嫁接苗以服务生产者。

蔬菜生产者要选用专用品种进行栽培，要了解品种的习性，采取对应的栽培技术，真正做到良种良法。良种良法即发挥优良种性的同时，配套相应的良好栽培技术，发挥"品种＋栽培"的双优势。例如大棚秋番茄生产，要提前了解番茄品种对防落素的耐受性（敏感性），以防因保花保果药剂浓度过高而产生畸形果。使用时生产者最好自己根据番茄品种特性和环境温度等条件配制适宜的药剂浓度，购买的配制好的药剂浓度固定，不一定适合所有番茄品种。再例如设施秋番茄生产上品种多、乱、杂，且抗 TY 病毒病品种存在抗性不稳定（受高温等环境影响）和抗性弱等问题。抗 TY 病毒病品种中单抗基因（1 个抗病基因）品种居多，多个抗病基因聚合的品种甚少。由于 TY 病毒株系多，而抗性基因并不具备广谱性，即 1 个抗病基因不一定能抗所有 TY 病毒种类，因此也会发生抗 TY 病毒病品种表现不抗病的现象。目前推广的设施秋番茄品种对 TY 病毒病的抗性较弱，遇到像 2019 年的高温气候，抗 TY 病毒病基因几乎就失活了。所以在栽培上也应配套遮阳网、防虫网等预防 TY 病毒病。

(4) 促进蔬菜育苗向集约化、工厂化方向发展 在一些地方蔬菜种苗企业少、小、散，育苗集约化、工厂化程度较低，这些问题是当前蔬菜生产的短板，满足不了蔬菜产业的高质量需求，且传统育苗和分散育苗方式由于占地时间长、出苗率低、用工量大，易受自然灾害影响等原因，已不能满足现代化蔬菜生产发展的要求。要建立现代化育苗基地，解决生产瓶颈问题，只有走育苗集约化、产业化道路，才能不断将优质种苗供给生产者，保障蔬菜生产达到高产、优质的现代化水平。因此，建立现代化蔬菜育苗基地，是发展优质高效农业的重要组成部分，是提高农业经济效益、增加农民收入、推动农村经济发展和实现乡村振兴最有效的途径（视频1）。

视频 1
瓜果蔬菜集约
化工厂化育苗

（5）应用先进信息化技术，提高设施农业的先进生产能力 目前，设施农业生产除规模小外，技术也相对落后，应引进先进的信息化自动控制生产技术，尽快提高生产能力。随着社会发展和科技进步，设施农业的发展将向着地域化、节能化、专业化方向发展，由传统的生产方式向高科技、自动化、机械化、规模化、产业化的工厂型农业方向发展。政府应加大这方面的投入，利用项目搞好示范推广工作。

（6）加大科技投入，强化有关人员的业务培训 政府要加大科技投入，要组织有关专家对基层农业技术人员、管理者、设施农业生产者进行专业技术知识的培训，使他们尽快掌握先进的设施农业生产技术、管理技术，真正成为设施农业方面的人才，依靠科技的力量来发展设施农业。

（7）解决好生产与市场销售的有机对接问题 一是要克服生产者缺乏公共信息监测、预警和无序生产盲目种植的问题。二是要提高生产者经营素质，避免一些生产者只看到上一个生产周期价格好，就跟风种植，且只会种植，不会销售。三是大宗农产品生产者要有一定的贮藏条件和贮藏技术。如果大宗蔬菜生产者没有相应的贮藏条件，只是追求生产效益，而不注重产后加工、贮藏环节，则会导致综合效益偏低。四是搞好生产与市场销售有机对接，当前蔬菜产销对接环节多，成本高，从生产到销售环节分散不科学。生产方式和流通方式落后、科技含量不够，效率低下。要利用大数据等现代化、信息化的手段稳定蔬菜生产流通渠道，提高产销对接效率。蔬菜生产与销售事关生产者和消费者利益，事关社会和谐稳定。各级政府要充分认识这项工作的重要性和紧迫性，要建立长效机制，进一步做好"菜篮子"工程的有关工作，维护农民利益和满足城市居民消费的需求。

02

二、设施建造技术与生产中的问题

（一）日光温室的建造技术与特点

视频 2
设施棚室的
类型与特点

温室又称为暖房，是一种以玻璃或塑料薄膜等材料做成屋面，用土、砖或新型材料做成围墙，或者全部以透光材料做屋面和围墙的房屋，具有采光充分、防寒保温的特点（视频 2）。温室内可设置一些调温、补光、遮光、通风设备，使其具有灵活调节室内光照、空气和土壤的温湿度等蔬菜生长必需的环境条件的能力。温室栽培是目前蔬菜的主要栽培方式之一。

日光温室通常坐北朝南，东西延长，东、西、北三面筑墙，一般设有不透明的后屋面，前屋面用塑料薄膜覆盖，作为采光屋面。

节能日光温室是一种在室内不加热的温室，即使在最寒冷的季节，也只依靠太阳光来维持室内的温度水平，以满足蔬菜生长的需要。特别是我国北方在土温室基础上兴起的塑料薄膜日光温室，具有明显的高效、节能、低成本的特点，深受菜农的欢迎，是发展高产、优质、高效农业的有效设施之一，并得到了较快的发展。

1. 日光温室的类型　日光温室的结构各地不尽相同，分类方法也比较多。按前屋面构型分，有一斜一立式和半拱式等；按后屋面长度分，有长后坡温室和短后坡温室；按结构分，有竹木结构、钢木结构、钢筋混凝土结构、全钢结构、全钢筋混凝土结构、悬索结构等。另外，温室还有单栋温室、双栋温室和多栋温室之分，其中包括 PC 板温室、玻璃温室等类型。决定温室性能的关键在于采光和保温，至于采用什么建材主要由经济条件和生产效益决定，生产中比较常用的

9

日光温室一般是带有后墙及后坡的半拱式，这种温室既能充分利用太阳能，棚膜又具有较强的抗摔打能力。因此，温室结构设计及建造以半拱式为好。

半拱式温室是从一面坡温室和北京改良温室演变而来。20 世纪 70 年代木材和玻璃短缺，前屋面改松木棱为竹竿、竹片作为拱杆，以塑料薄膜代替玻璃，屋面构型改一面坡和两折式为半拱式。温室跨度多为 6～6.5 米，脊高 2.5～2.8 米，后屋面水平投影 1.3～1.4 米。这种温室在北纬 40°以上地区最普遍。

从对太阳能的利用效果、塑料薄膜棚面在有风时抗摔打的能力和抗风雪载荷的强度等方面来看，半拱式温室优于一斜一立式温室。故优化的日光温室设计是以半拱式为前提的。

随着经济的快速发展，目前日光温室多采用全钢架结构。全钢架结构日光温室，透明前屋面和后屋面承重骨架做成整体式钢筋（管）桁架结构，或用热浸镀锌钢管通过连接纵梁和卡具形成受力整体，后屋面承重段或成直线，或成曲线，室内无柱。全钢架结构日光温室遮阳少，透光好，便于作业，坚固耐用，跨度也越来越大，有些可达 16 米以上，但一次性投资较大。

2. **日光温室的结构参数**　日光温室主要作为冬、春季生产应用，建一次要使用少则 3～5 年，多则 8～10 年，所以在规划、设计、建造时，要达到一定的技术要求。日光温室由后墙、后坡、前屋面和两山墙组成，各部位的长宽、厚薄和用材决定了它的采光和保温性能，根据近年来的生产实践，温室的总体要求为采光好、保温性能好、建造成本低、容易操作、效益高等。其合理的建造结构参数概括为"五度""四比""三材"。

(1)"五度"　"五度"是指角度、高度、跨度、长度、厚度。

① 角度。主要是指屋面角、后屋面仰角和方位角。屋面角决定了温室采光性能，要使冬、春季阳光能最大限度地进入棚内。在河南地区平均屋面角度要达到 25°以上。后屋面仰角是指后坡内侧与地平面的夹角，要达到 35°～40°，这个角度加大是要求冬、春季节阳光能直射后墙，使后墙受热后蓄热，以便晚间向温室内散热。如果角度偏小，阳光不能直射后墙，从而影响后墙蓄热、放热和棚内升温。方位

角是指温室的方向定位，要求温室坐北朝南、东西方向排列，向东或向西偏斜角度不应大于 7°。

② 高度。包括矢高和后墙高度。矢高是指脊顶最高处到温室内侧地面的垂直距离，一般要达到 3 米左右。由于矢高与跨度有一定的关系，在跨度确定的情况下，高度增加，屋面角度也增加，从而可以提高采光效果。6 米跨度的温室冬季生产，矢高以 2.5～2.8 米为宜；7 米跨度的温室，矢高以 2.9～3.1 米为宜。后墙的高度为保证作业方便，以 1.8～2 米为宜，过低影响作业，过高后坡缩短，保温效果下降。

③ 跨度。指温室后墙内侧到前屋面南底脚的距离，一般以 7～10 米为宜。这样的跨度配上一定的屋脊高度，既可保证前屋面有较大的采光角度，又可使作物有较大的生长空间，便于覆盖保温，也便于选择建筑材料。如果跨度增加，虽然栽培空间加大了，但屋面角度变小，就会导致采光不好，冬季积雪不易清扫，且不利于覆盖保温，保温效果差。因此跨度增加，温室矢高也要增加，这样就会增加投资。

④ 长度。指温室东西山墙间的距离，一般长 80～120 米，也就是一栋温室净栽培面积一般为 1～2 亩*。如果温室太短，不仅单位面积造价提高，而且东西两山墙遮阳比例增大，影响产量。温室过长往往温度不易控制，并且每天揭盖草苫占时较长，不能保证室内有足够的日照时数。另外，温室过长也不利于蔬菜的采摘与外运，在连阴天过后，也不易迅速回苫，所以温室长度以 100 米左右为宜。

⑤ 厚度。主要是指后墙、后坡和草苫的厚度。厚度的大小主要决定保温性能，后墙和后坡是日光温室强大的蓄热体，白天蓄热，夜间放热，所以后墙和后坡的厚度对室内温度的影响至关重要。以前老式温室后墙厚度一般在 80～150 厘米，现在随着日光温室的不断改进与更新，后墙厚度也不断增加，后墙下部厚度达 4～6 米，上部1.5～2 米，后墙越厚，保温效果越好，但后墙越厚占地面积就越多，用料用工越多，投资就会越大。后坡厚度要达 60 厘米以上。草苫的厚度要达到 6～8 厘米，即 9 米长、1.1 米宽的稻草苫重量要有 35 千克

---

* 亩为非法定计量单位，1 亩≈667 米²，余同。——编者注

11

以上。

(2)"四比" 主要包括前后坡比、高跨比、保温比和遮阳比。

① 前后坡比。指前坡和后坡垂直投影宽度的比例。在日光温室中前坡和后坡有着不同的功能，温室的后坡较厚，起到蓄热和保温的作用，前坡覆盖透明覆盖物，起到采光的作用，它们垂直投影宽度的比例直接影响着采光和保温的效果。日光温室大多用于冬季生产，后坡拥有一定长度，才能提高保温效果。但是，后坡过长，前坡短，又影响白天的采光。所以，从保温、采光、方便操作等方面考虑，前后坡投影宽度比例以 4.5∶1 左右为宜，即一个跨度 8 米的温室，前坡垂直投影宽度 6.5 米左右，后坡垂直投影宽度 1.5 米左右。

② 高跨比。指日光温室的高度与跨度的比例，二者比例的大小决定了屋面角的大小。要达到合理的屋面角，高跨比以 1∶2.2 为宜。即跨度为 7 米的温室，高度应达到 3 米以上；跨度为 8 米的温室，高度应达到 3.6 米以上。

③ 保温比。指日光温室内的蓄热面积与放热面积的比例。在日光温室中，虽然各围护组织都能向外散热，但由于后墙和后坡较厚，不仅向外散热，而且能够蓄热，所以在此不作为散热面和蓄热面来考虑，则温室内的蓄热面为温室内的地面，散热面为前屋面，温室保温比就等于温室内的土地面积与前屋面面积之比。即日光温室保温比＝日光温室内土地面积/日光温室前屋面面积。

保温比的大小说明了日光温室保温性能的优劣，要提高保温比，就应尽量扩大温室内土地面积，减少温室前屋面的面积，但前屋面又起着采光的作用，还应该保持在一定的水平上。根据近年来日光温室开发的实践及保温原理，以保温比值等于 1 为宜，即温室内土地面积与散热面积（前屋面面积）相等较为合理，也就是说跨度为 8 米的温室，前屋面拱杆的长度以 8 米为宜。

④ 遮阳比。指在建造多栋温室或在高大建筑物北侧建造温室时，前排物体对后排温室的遮阳影响。为了不让前排温室（或南面建筑物）遮挡住后排温室的阳光，应确定适当的无阴影距离。根据当地冬至正午的太阳高度角和三角函数的相关公式计算，前排物体的高度与阴影长度的比例在 1∶2 以上，也就是说前排温室高度为 3 米时，后

排温室距前排温室的距离要达到 6 米以上。

(3)"三材" 指建造温室所用的建筑材料、透光材料及保温材料。

① 建筑材料。主要视投资多少而定，投资多时可选用耐久性的钢结构、水泥结构等。投资少时可采用竹木结构等。无论采用哪种建材，都要考虑温室的牢固性和保温性。

② 透光材料。指前屋面采用的塑料薄膜，主要有聚乙烯膜（PE）、聚氯乙烯膜（PVC）和乙烯-醋酸乙烯共聚膜（EVA）等。其中乙烯-醋酸乙烯共聚膜（EVA）在较大的温度范围内具有良好的柔韧性，且质量轻、耐老化、无滴性好、性能优良，因此被广泛应用。

③ 保温材料。指各种围护组织用于保温的材料，包括墙体保温材料、后坡保温材料和前屋面保温材料。墙体除用土墙外，在利用砖石结构时，内部应填充煤渣、锯末、珍珠岩等绝缘保温材料。前屋面主要采用草苫加纸被或无纺布覆盖等进行保温。

3. 日光温室的性能 日光温室的性能主要通过光照、温度、湿度、气体等几个参数来体现。

(1) 光照 温室内的光照条件取决于室外自然光照度和温室的透光能力。由于拱架的遮阳、薄膜的吸收和反射作用，以及薄膜凝结水滴或被尘埃污染等，温室内光照度明显低于室外。以中柱为界，可把温室分为前部强光区和后部弱光区。由于山墙的遮阳作用，午前和午后分别在东西两端形成两个三角形弱光区，它们随太阳位置变化而扩大或缩小，正午消失。温室中部是全天光照最好的区域。在垂直方向上，光照度从上往下逐渐减弱，在顶部靠近薄膜处相对光照度为 80%，距地面 0.5～1 米处相对光照度为 60%，距地面 20 厘米处相对光照度为 55%。

(2) 温度 日光温室内的热量来源于太阳辐射，受外界气候条件影响较大。一般晴天室内温度高，夜间和阴天温度低，在正常情况下，冬季、早春室内外温差在 15 ℃以上，冬季晴天室内温度日变化显著。12 月和翌年 1 月，最低气温一般出现在刚揭草苫之时，随后室内温度上升，9—11 时上升速度最快，不通风时，平均每小时升高 6～10 ℃，12 时以后，上升速度变慢，13 时室内温度达到最高值。

13 时后温度缓慢下降，15 时后下降速度加快。盖草帘和纸被后，室内短时间内气温回升 1～2 ℃，然后就缓慢下降。夜间气温下降的数值不仅取决于天气条件，还取决于管理措施和地温状况。多云、阴天时一夜间气温下降 2～3 ℃。用草帘和纸被覆盖时，一夜间气温下降 4～7 ℃。日光温室内各个部位温度也不相同。从水平分布看，白天南高北低，夜间北高南低。东西方向，上午靠近东山墙部位低，下午靠近西北墙部位低，特别是靠近门的一侧温度低。日光温室内气温垂直分布，在密闭不通风的情况下，在一定的高度范围内，通常上部温度较高。

(3) 湿度 日光温室内空气的绝对湿度和相对湿度一般均大于露地。在冬季很少通风的情况下，即使在晴天空气相对湿度也经常能达到 90% 左右，夜间、阴天，特别是在温度低的时候，空气的相对湿度经常处于饱和或近饱和状态。温室空气相对湿度的变化，往往是低温季节大于高温季节，夜间大于白天，阴天大于晴天。中午前后，温室内气温高，空气相对湿度小，夜间空气相对湿度增大。浇水之后空气相对湿度最大，放风后下降。

在春季，白天空气相对湿度一般在 60%～80%，夜间在 90% 以上。其变化规律是揭苫时最大，之后随温度升高而下降，盖苫后空气相对湿度很快上升，直到次日揭苫。另外，温室空间大，空气相对湿度较小且变化较小。反之，温室空间小空气相对湿度大且日变化剧烈。温室内的土壤湿度较稳定，主要靠人工来调控。

(4) 气体 由于温室处于半封闭状态，导致室内空气与室外有很大差别。温室中气体主要有二氧化碳、氨气、二氧化氮。温室中二氧化碳主要来源于土壤中有机物的分解和作物有氧呼吸。在一定范围内，二氧化碳浓度增加，作物光合作用的强度增加，产量增加。氨气是施入土壤中的肥料或有机物分解过程中产生的。当室内空气中氨气浓度达到 5 微升/升时，可使植株不同程度受害。土壤中施入氮肥过多，或连作土壤中存在大量反硝化细菌，这些都是容易产生二氧化氮气体的原因。二氧化氮浓度达到 2 微升/升时，可使叶片受害。

4. 日光温室生产的茬次安排 日光温室可周年利用，寒冷季节的蔬菜生产主要有 3 种茬口、2 种利用方式，夏季种植蔬菜、食用菌

14

或进行土壤消毒。

(1) **越冬一大茬生产** 多于秋末育苗、冬初定植，翌年 1 月始收，6—7 月结束生产。这是河南省种植面积较大的一种方式，生产难度大，要求有温度、光照好的日光温室和配套的栽培技术。河南省一大茬生产的栽培历见表 2-1。

表 2-1 河南越冬一大茬栽培历

种植作物	播种期	定植期	始收期	终收期
黄瓜	10 月上中旬	11 月上中旬	翌年 1 月上旬	翌年 6 月
番茄	9 月上中旬	11 月上中旬	翌年 1 月上中旬	翌年 6 月
茄子	9 月上中旬	11 月上中旬	翌年 1 月上旬	翌年 7 月
辣椒	9 月上中旬	11 月上中旬	翌年 1 月上旬	翌年 7 月
甜椒	9 月上中旬	11 月上中旬	翌年 1 月上旬	翌年 6 月中旬
香椿	3 月下旬	11 月上旬	翌年 1 月上旬	翌年 3 月下旬
草莓	7 月下旬	9 月中旬	12 月上中旬	翌年 4 月

(2) **秋冬和冬春两茬生产** 秋冬茬生产在夏末秋初育苗，中秋定植，晚秋始收，翌年 1 月结束。冬春茬生产在冬季播种育苗，翌年 1 月秋冬茬结束后定植，2—3 月始收，6—8 月结束。具体生产形式见表2-2。

表 2-2 河南一年两茬接茬安排及栽培历

种植作物	播种期	定植期	始收期	终收期
秋冬韭菜	4 月上旬至 5 月中旬	7 月中下旬	12 月上旬	翌年 2 月中旬
↓				
冬春黄瓜	11 月中旬	翌年 1 月中下旬	翌年 3 月上旬	翌年 6 月中下旬
秋冬芹菜	7 月中旬	9 月中旬	12 月下旬	翌年 1 月上旬
↓				
冬春黄瓜	11 月中旬	翌年 1 月中下旬	翌年 2 月中旬	翌年 6 月中下旬
秋冬黄瓜	8 月上中旬	9 月中旬	10 月下旬	翌年 1 月上旬
↓				
冬春番茄	10 月上中旬	翌年 1 月中旬	翌年 3 月下旬	翌年 6 月中旬

(续)

种植作物	播种期	定植期	始收期	终收期
秋冬番茄 | 冬春西葫芦	7月上中旬	8月中旬	10月下旬	翌年1月上旬
	12月上旬	翌年1月中旬	翌年2月下旬	翌年5月上旬
秋冬西葫芦 | 冬春茄子	8月下旬	9月下旬	10月下旬	翌年1月下旬
	10月中旬	翌年1月下旬	翌年3月中旬	翌年7月
秋冬韭菜 | 冬春青椒	4月上中旬	7月上旬	12月上旬	翌年1月上旬
	10月上旬	翌年1月中旬	翌年3月中旬	翌年7月

(3) 夏季的利用 日光温室夏季多闲置，也可种植一茬耐热菜，种植收获期以不误下茬使用为原则。有的利用旧薄膜和草苫遮阳、保湿种植食用菌。为消灭土传病虫，可在高温季节地面挖大沟，填入碎麦草、撒石灰。灌水后盖地膜，使膜下温度达 50～60 ℃，连续 15～20 天。

（二）塑料大棚的建造技术与特点

塑料大棚俗称冷棚，是一种简易实用的保护地栽培设施，其建造容易、使用方便、投资较少，被世界各国普遍使用。利用竹木、钢材等材料，并覆盖塑料薄膜，搭成拱形棚，供栽培蔬菜，能够提早或延迟供应，提高单位面积产量，有利于防御自然灾害，特别是北方地区能在早春和晚秋淡季供应鲜嫩蔬菜。

塑料大棚充分利用太阳能，有一定的保温作用，并通过卷膜在一定范围调节棚内的温度和湿度。因此，塑料大棚在我国北方地区，主要是用作春提前、秋延后的保温栽培，一般春季可提前 30～35 天，秋季能延后 20～25 天，但不能进行越冬栽培。塑料大棚除了在早春与晚秋季节用于蔬菜、花卉的保温种植外，还可将塑料薄膜更换为遮阳网，用于夏秋季节的遮阳降温以及防雨、防风、防雹等的设施栽培。

16

生产实践中棚室构造越来越接近，全钢管大棚加盖棉被，跨度达20米以上，保温性能优于一般大棚、低于温室，栽培茬次也介于日光温室与一般大棚之间。

1. **大棚棚体的构成**　大棚的棚体主要由拱杆、立柱、拉杆、压杆（压膜线）、棚膜、铁丝及门窗等部分组成。大棚一般南北延长。

（1）拱杆　支撑棚膜的骨架，横向固定在拉杆上，呈自然拱形，决定大棚的形状和空间。生产中常用的有竹竿或钢管等材料。

（2）立柱　支撑拱杆和棚面的柱子，承受棚架和薄膜的重量，并有负荷雨、雪和承受风压、引力的作用，纵横呈直线排列。立柱基部要用砖、石或混凝土墩代替脚石，防止大棚下沉或被风拔起。柱顶呈V形槽，便于架拱杆。立柱距顶端4厘米、20厘米各留一孔眼，用于穿铁丝固定拱杆和拉杆。

（3）拉杆　纵向连接拱杆和固定立柱、压杆的"拉手"，使大棚骨架成为一个整体。主要使用较粗的竹竿、木杆或钢材。

（4）压杆（压膜线）　在塑料薄膜上，于两拱杆之间压一根，压平、绷紧棚膜。可用光滑顺直的细长竹竿，也可用专用压膜线等。

（5）棚膜　覆盖棚体，起到保温、遮阳等作用。主要有聚氯乙烯膜（PVC）、聚乙烯膜（PE）、乙烯-醋酸乙烯共聚膜（EVA）等。

（6）铁丝　捆绑连接压杆、拱杆和拉杆。

（7）门窗　门设于大棚一端或两端，方便人出入。大棚顶端设天窗，以便通风换气。生产中大棚多利用薄膜的接缝处做通风口。

2. **塑料大棚的类型**　塑料大棚分为多种类型。按棚顶形状分，有拱圆形和屋脊形；按建造形式分，有单栋大棚和连栋大棚等；按建筑材料分，有竹木结构、水泥立柱竹木混合结构、钢材结构、钢材和水泥混合结构、镀锌钢管结构等。下面重点介绍一下按建筑材料分类的大棚类型。

（1）竹木结构大棚　这种结构的大棚，各地区不尽相同，但其主要参数和棚形基本一致，大同小异。大棚的跨度6～12米，长度30～60米，肩高1～1.5米，脊高2～2.5米。按棚宽（跨度）方向每2米设一木杆立柱，立柱直径6～8厘米，地下埋深50厘米，垫砖或绑横木，夯实，将竹片（竿）固定在立柱顶端成拱形，两端加横木埋入地下并夯实。拱架间距 1 米，并用纵拉杆连接，形成整体。拱架上覆盖薄膜，拉紧后膜的端头埋在四周的土里，拱架间用压膜线或 8 号铅丝、竹竿等压紧薄膜。其优点是取材方便，造价较低，建造容易。缺点是棚内柱子多，遮光率高，作业不方便，寿命短，抗风雪荷载性能差。

（2）水泥立柱竹木混合结构大棚 基本结构与竹木结构相同，只是竹木结构中的木杆立柱换成浇铸的水泥立柱，比竹木结构更牢固。

（3）钢材结构大棚 这种钢结构大棚，拱架是用钢筋、钢管或两种材料结合焊接而成，上弦用 16 毫米直径的钢筋或 20 毫米直径的钢管，下弦用 12 毫米直径的钢筋，纵拉杆用 9～12 毫米直径的钢筋。跨度 8～12 米，长度 30～60 米，脊高 2.6～3 米，拱间距 1～1.2 米。纵向各拱架间用拉杆或斜交式拉杆连接固定形成整体。拱架上覆盖薄膜，拉紧后用压膜线或 8 号铅丝压膜，两端固定在地锚上。

这种结构的大棚，骨架坚固，无中柱，棚内空间大，透光性好，作业方便，是比较好的设施。但这种骨架需涂刷油漆防锈，1～2 年需涂刷一次，比较麻烦，如果维护得好，使用寿命可达 6～7 年。

（4）钢材和水泥混合结构大棚 这种大棚是由钢管作为拱杆（或钢管和竹竿间隔摆放），由水泥柱作为立柱的混合结构。水泥立柱东西向摆放 5 根，间距 3 米左右（根据大棚的实际跨度而定）。水泥立柱南北向间距 3 米摆放，上面摆放钢管，两钢管之间摆放 3 根竹竿。这种大棚一般跨度 12 米左右，长度 100 米左右，脊高 3 米以上，单栋棚面积 2 亩左右。

（5）镀锌钢管结构大棚 这种结构的大棚，其拱杆、纵向拉杆、端头立柱均为薄壁钢管，并用专用卡具连接形成整体，所有杆和卡具均采用热镀锌防锈处理，是工厂化生产的工业产品，已形成标准、规范的 20 多种系列产品。这种大棚跨度 4～12 米，长度 60 米左右，肩高 1～1.8 米，脊高 2.5～3.2 米，拱架间距 0.5～1 米，纵向用纵拉杆（管）连接固定成整体。可用卷膜机卷膜通风，保温幕保温，遮阳幕遮阳和降温。

这种大棚为组装式结构，建造方便，并可拆卸迁移，棚内空间大、遮光少、作业方便，有利作物生长，构件抗腐蚀、整体强度高、承受风雪能力强，使用寿命可达 15 年以上，是目前最先进的大棚结构形式。

当前有的大棚跨度已达到 30 米左右，中间为通行走道，脊高已达到 5～6 米，长度已达到 100 米左右，相当于两个日光温室集合，蔬菜作物提前和延后栽培效果更好，生产效益更高。

3. 大棚的结构参数

(1) 高跨比　合理的高跨比。在一定的风速下，棚面弧度小时，掠过棚面的风速快，造成棚内和棚外的压力差大，棚膜会因出现频繁的摔打而破损；弧度大时，掠过棚面的风速被削弱，内外压力差小，棚膜被损坏的概率就小，抗风能力就强。大棚的高跨比直接影响到大棚的棚面弧度。大棚的高跨比等于大棚的脊高与大棚跨度的比值，一般为 1：（4～5）为宜。

(2) 长宽比　大棚的长度与宽度（跨度）的比值一般≥5 较适宜。棚体过长，管理运输操作不方便；棚体过短，单位土地面积造价过高。

4. 塑料大棚的性能　塑料大棚与温室在性能方面的差异主要包括以下几点。

(1) 光照　塑料大棚上不覆盖草苫，棚内光照时间和外界一样长。棚内光照度取决于棚外的光照度、棚形及棚膜的性质和质量。晴天棚内的光照度明显高于阴天和多云天；钢结构塑料大棚的光照度大于竹木结构的；聚氯乙烯膜透光性优于聚乙烯膜，新膜优于旧膜，无滴膜优于普通膜，厚薄均匀一致的膜优于厚度不均的膜。棚内的自然光照度始终低于棚外，一般棚内 1 米高处光照度为棚外自然光照度的 60%。

(2) 温度　大棚的主要热源是阳光，因此棚内温度随外界昼夜交替，天气的阴、晴、雨、雪，以及季节变化而变化。在一天之内，清晨后棚温逐渐升高，下午逐渐下降，傍晚棚温下降最快，23 时后温度下降减缓，揭苫前棚温下降到最低点。在晴天时棚内昼夜温差可达 30℃左右，棚温过高容易灼伤植株，凌晨温度过低又易发生冷害。

棚内不同部位的温度状况有差异，每天上午日出后，大棚东侧首先接收太阳光的辐射，棚东侧的温度较西侧高。中午太阳光由棚顶部入射，高温区在棚的上部和南端，下午主要是棚的西部受光，高温区出现在棚的西部。大棚内垂直方向上的温度分布也不相同，白天棚顶部的温度高于底部 3～4 ℃，夜间棚下部的温度高于上部 1～2 ℃。大棚四周接近棚边缘位置的温度，在一天之内均比中央部位要低。

(3) 湿度　塑料大棚的气密性强，所以棚内空气相对湿度比较高，经常可达 80% 以上，密闭时为 100%。棚内薄膜上经常凝结大量水珠，集聚一定大小时水珠下落。棚内空气相对湿度变化规律是随棚温升高，空气相对湿度降低；随着棚温降低，空气相对湿度升高。晴天、刮风天空气相对湿度较低，阴雨天空气相对湿度显著上升。每天日出后棚温逐渐升高，土壤水分蒸发和作物蒸腾加剧，棚内水汽大量增加。随着通风，棚内空气相对湿度则会下降，到下午关闭门窗前，空气相对湿度最低。关闭门窗后，随着温度下降，棚面凝结大量水珠，空气相对湿度往往达饱和状态。

(4) 气体条件　棚内大量施用有机肥，在肥料分解时会放出大量的二氧化碳气体，蔬菜自身也会放出二氧化碳。一天之中，大棚中清晨放风前的二氧化碳浓度最高，日出后随着光合作用的加强，棚内二氧化碳浓度迅速下降，若不进行通风换气，二氧化碳含量比露地的还低。

5. 大棚蔬菜的栽培制度　大棚内可生产绿叶菜类、葱蒜类、豆类、茄果类及瓜类等多种类蔬菜。从大棚的利用效益出发，安排生产必须结合市场需求，合理安排茬口，并采取最合适的栽培方式。

(1) 大棚蔬菜主要栽培方式

① 春季提早栽培。春季提早栽培蔬菜需要在温室内育苗，大棚内定植，产品上市期可较露地提早 30～60 天。可选择种植效益较高的蔬菜种类。番茄可于 12 月中下旬至翌年 1 月上旬在温室育苗，3 月上中旬定植于大棚内，5 月上中旬开始收获。西瓜可于 12 月中下旬嫁接育苗，出苗后子叶平展露出一心时进行嫁接，2 月中下旬定植，5 月上旬上市。甜瓜早春茬可于 1 月中下旬育苗，3 月上旬定植，5 月上中旬上市。黄瓜可于 12 月中下旬至翌年 1 月初在温室育苗，苗龄 45～60 天，双层薄膜大棚并有加温设备的可于 2 月中下旬定植，单层棚膜大棚可于 3 月中旬前后定植，4 月上中旬开始收获，7 月中

下旬拉秧。茄子、辣椒可于 12 月中下旬在温室育苗，3 月中下旬定植于大棚内，5 月中下旬开始收获，此茬可收获到深秋，也可采用平茬再生的方式进行恋秋栽培。

②秋延后栽培。蔬菜作物秋延后栽培，蔬菜前期在高温条件下生长，后期在大棚保护中度过。栽培种类以黄瓜、番茄为主，产品经贮藏可延至冬季供应。黄瓜于立秋前后直播于棚地，10 上旬扣棚，播后 40 多天即可采收，至立冬后结束。若 7 月上中旬露地遮阳育苗，则要注意防止高温热雨危害，8 月上中旬定植。番茄 8 月中旬定植，10 月中旬开始采收，11 月中旬拉秧。

(2) 大棚蔬菜的多茬栽培 河南省大棚在一年中的利用时间较长，主要蔬菜生产可以从 8 月开始到翌年 6 月止，秋、冬、春三季三茬或两季连续生产。三茬生产时在秋延后番茄、黄瓜之后，春提前蔬菜定植之前，种植一茬芹菜等耐寒蔬菜。两茬生产时可在 8 月下旬种一茬蒜苗，自 12 月下旬收获至翌年 3 月上旬。在茬口安排上，秋茬的收获时间不得影响冬茬的定植，而冬茬菜又必须在春茬菜定植前收获完成。在这三茬中，以春季为主茬，而春主茬又必须以前期产量为核心，以早熟、高产为目的进行生产。这样不仅可以充分利用大棚设施，全年多茬高产，而且有利于解决蔬菜淡季供应问题。

大棚内秋延后栽培还可生产花椰菜、甜椒，冬季可生产菠菜、莴笋、小白菜，春季可生产西葫芦、豇豆、菜豆等蔬菜。

(3) 大棚蔬菜的间、套、轮作 为提高大棚的生产效益，在不断提高地力、减少病虫害的前提下，要尽量利用已有的设备，利用一定的空间和土地，栽培较多的蔬菜种类，以达到增加蔬菜品种、提高单产、满足市场需要、提高经济效益的目的。在安排大棚生产时，力求做到不重茬，间作套种合理搭配。

大棚中常用的间、套作方式有以下几种：以黄瓜为主作，间种小白菜、荆芥、茼蒿等；以番茄为主作，畦埂上点种速生热萝卜，隔畦间种甘蓝、花椰菜等；以甜椒为主作，间作菠菜、莴笋、生菜等；芹菜畦间套种蒜苗，蒜苗收获后，又可套种小白菜等；早春先种植生育期短的自封顶番茄，随后套种生育期长的甜椒、辣椒。番茄早上市、早拔秧，甜椒得以充分生长，大量结果。

21

（三）小拱棚的建造技术与特点

1. **小拱棚的结构特点**　小拱棚是用细竹竿、竹片、荆条、细钢管等能够弯成拱形的材料制成骨架，在骨架上覆盖薄膜，膜外用压膜条等固定压紧薄膜。一般高 0.5～1 米，宽 1.5～2 米，长 7～10 米（或依地块长度而定）。

小拱棚结构简单，取材方便，容易建造，造价较低，又因塑料薄膜柔软可塑，质地较轻，能用架材弯成一定的形状，生产中可因地制宜，灵活设计，有一定的空间和面积即可。常用的小拱棚主要有以下几种。

（1）拱圆形棚　棚面半圆形，可在北侧加设 1.5～2.0 米高的风障，成为风障拱棚。

（2）半拱圆形棚　北面棚架为半圆形，南面为一面坡，中间设一排立柱，或于北侧筑 1 米高的土墙，南面为半拱圆形棚架，一般不设中柱，跨度大时可加设 1～2 排立柱。

（3）单斜面棚　北面筑 1 米高的土墙，南面为一面坡，或北面筑墙，后坡斜面加薄膜覆盖，成为改良阳畦用薄膜覆盖的形式。

（4）双斜面三角棚　中间设一排立柱，柱顶拉一道铁丝，两边覆盖薄膜即成。

2. **小拱棚的性能**

（1）温度　小拱棚的热源来自阳光，因此棚内的气温也随着外界气候的变化而改变，但受薄膜性能所限，温度变化有局限性。一般来说，小拱棚加盖草苫的，1—4 月平均温度比露地高 4.2～6.2 ℃，9 月上旬至 11 月上旬比露地高 0.2～1.4 ℃。

冬季，小拱棚内的平均温度在 10 ℃以下，最低温度在 0 ℃以下。据测定，外界气温降至－15.5 ℃时，棚内最低温度为－3 ℃，比露地高约 12.5 ℃。

秋季，利用小拱棚进行秋延后栽培，10 月中下旬可不加草苫。霜降以后，根据天气变化，在棚内不能增温时，须盖草苫。

（2）湿度　由于土壤蒸发和植物的蒸腾，棚内空气相对湿度往往较高。白天通风时，棚内空气相对湿度为 40%～60%；夜间密闭时，可达 90% 以上。

(3) 光照 小拱棚内的光照，决定于薄膜的质量和新旧程度，也和薄膜吸尘、结雾有关。新薄膜的透光率一般不少于 80%，随着薄膜的老化和污染，透光率减少 40%～50%。污染严重时，透光率还会降低。

3. 小拱棚的应用 小拱棚多用于春、秋季生产，也可用于育苗。由于棚体短小，便于加盖草苫，故其防寒保温的性能常比大棚还好。春季提前定植可早于大棚，秋季延后可比大棚更长。适于栽培瓜类、茄果类、豆类、甘蓝类、葱蒜类及绿叶类蔬菜等。特别是用于冬季和早春覆盖晚定植的洋葱苗发根壮叶保苗效果明显，比露地洋葱提早成熟 20 天左右，且成株结果率能提高 8.8% 以上。

（四）设施建造中容易出现的问题与对策

近几年全国各地的设施蔬菜种植取得了很好的经济效益，但是很多设施在建造方面还存在很多问题，如结构不合理，技术不到位等。蔬菜设施的建造分多个环节逐步完成，而且环环相扣，若某一环节不够合理，便有可能影响其使用效果，如导致棚体采光不均、抗风雪能力不强、使用年限短等。

1. 墙体建造方面

问题一：墙体滚压不实、切面不平整。

墙体滚压不实会导致墙体地基不实，下雨凹陷，表土易流失。切面不平整会导致墙体有裂缝。实践证明，温室墙体质量的好坏直接关系到其使用寿命的长短。近几年温室建造是向着更高、更宽、无立柱的方向发展，这就进一步要求温室墙体牢固性更强、稳定性更好。

对策：温室的墙底宜先用推土机压实，以防地基下沉。然后用挖掘机上土，并且每上 50 厘米厚的松土，就用推土机来回滚压至少 3 次。建造的后墙高度以 4.5 米为宜，最后把墙顶用推土机压实。另外应注意，用挖掘机切棚墙时，要有一定的倾斜度，上窄下宽，倾斜度以 6°～10° 为宜，并且墙面要平整。

问题二：后屋面夹角小，覆盖（防水保温）材料方法不对。

后屋面夹角小，太阳光会照在后墙上在棚内留下阴影，影响棚内光照。后屋面覆盖材料不恰当，就会影响保温性，且后屋面墙体外面受雨水冲刷使用寿命就会降低。

对策：①棚室后屋面与水平线的夹角可根据当地冬至日中午太阳高度角确定，一般以 35°～40°为宜。②因后屋面承载力过大，需密集铺拉钢丝，钢丝间距以 8～10 厘米为宜。③保温、防水材料覆盖方法。选宽为 5～6 米、与棚同长的新塑料薄膜，一边先用土压盖在距离后墙边缘 20 厘米处，而后再将其覆盖在后屋面的钢丝棚面上；把事先准备好的草苫或毛毡等保温材料依次加盖其上，为提高保温效果，加盖的保温材料以 1 层草苫加 1 层毛毡为宜，使用寿命长且经济实惠；为防雨雪浸湿保温材料，需再把塑料薄膜剩余部分回折到草苫和毛毡之上。④从棚一头开始，使用挖掘机从棚后取土，然后将土一点点地堆砌在后屋面上，每加盖 30 厘米厚的土层，可用铁锹等工具拍实，且要保持南高北低。后屋面上土不要过多，否则会增加后屋面的承载压力，降低安全系数。⑤在平整好后屋面土层后，最好使用一整幅新塑料薄膜覆盖后墙。在其上加盖一层无纺布等防晒材料，即可延长后墙使用年限，又能起到防止杂草生长的作用。最后，棚顶和后墙根两处各东西向拉根钢丝将其固定，或用编织袋装满土每隔 1 米压盖 1 次。

问题三：立柱埋设不当，抗压性能降低。

立柱埋设不直、不稳，牢固性差，致使棚体抗压性能降低。

对策：立柱点的选择要把握横成一线、竖成一线的原则。在具体操作上，多采取拉线法进行。立柱埋设时，其底部土壤中的固定非常重要。立柱的固定性决定了棚体的牢固性，如果立柱固定不好，轻则造成棚体凹陷，重则造成棚体整体塌陷。首先，立柱埋设前需要踏实土壤。在立柱埋设的附近用水灌一下，水灌后土壤会有一定程度的下陷，然后将土壤压实之后再打眼取洞。其次，埋设的深度掌握在 50 厘米左右，洞眼的底部要垫上一块砖头，以免立柱塌陷。

2. 各项参数比例方面

问题一：高跨比偏小，棚室前屋面仰角偏小。

棚室的高跨比是指棚体的脊高与跨度的比值。在实际生产中，棚室的高跨比一般偏小，即高度不高，跨度过大。这样形成的棚面弧度较大，表面偏平，抗雪能力较差。高跨比偏小，前屋面仰角就会偏小。

对策：棚室的高跨比直接影响棚面弧度，影响前屋面仰角的大小。弧度小时，高跨比大，这样抗雪能力好，抗风的能力较差；弧度大时，高跨比小，抗风能力较好，抗雪能力较差。所以在建设棚室时要参照棚室建造的合理参数进行。温室的高跨比一般以 1：2.2 为宜，前屋面仰角在 25°以上。大棚的高跨比一般以 1：（4～5）为宜。

问题二：棚体过长，内部净面积过大。

有的农户为了扩大棚室面积，建造的温室或大棚长度超过了 120 米，甚至达到了 150 米，内部净面积达到了 3 亩左右。站在棚内的一端，一眼望不到另一端。棚体过长，棚内操作会有不便，尤其采果运输更是不便。

对策：建造温室或大棚不要过长，一般长度 100 米左右，棚内面积 1.5～2 亩即可。另外，建造时也要结合地块形状，长短和宽窄要因地制宜，但各项指标要在温室或大棚的合理结构参数范围之内。

问题三：棚与棚之间的间距偏小。

温室一般坐北朝南，农户为了充分利用土地，南北方向建造前后排温室间距偏小，有的仅有 3 米左右。这样在冬季的时候，前排温室的阴影影响后排温室的采光，进而影响棚内温度的提升。大棚一般东西并排、南北延长，有的农户为了不浪费土地，建造时东西排大棚间距仅留 1 米，这样对以后的排水、行走均会造成不便。

对策：温室前后排的间距应由三个因素，即温室高度、太阳高度角和太阳方位角来决定。为了避免前排温室对后排温室遮阳，两者之间需要有个合适的距离，通常是以冬至日不对后排温室形成遮阳为度。根据当地冬至正午的太阳高度角和三角函数的相关公式计算，前排温室的高度（最高点垂直于水平地面的距离）与阴影长度的比例在 1：2 以上，也就是说前排温室高度为 3 米时，前后排温室的距离要达到 6 米以上。

3. 用材方面

问题一：使用劣质立柱。

建棚时,"偷梁换柱"使用劣质立柱的情况主要有以下几个方面。

① 换用细钢筋。水泥立柱的抗压程度主要取决于使用钢筋的质量,使用的钢筋越粗,其抗压程度越强。而现在生产大棚立柱的制造商为降低成本,将制造水泥立柱的钢筋由直径 4 毫米换成 3～3.5 毫米,这就大大降低了水泥立柱的抗压程度,一旦棚面的负重过大,就容易折断立柱。

② 使用钢筋头。有些立柱两头外露钢筋虽然看上去粗细符合要求,但是立柱内的钢筋全部是断裂的钢筋头,这样的立柱抗压程度也会大大降低,容易在重压之下断裂,并且使用年限也会缩短。

③ 立柱中间无钢筋。

④ 使用芦苇代替钢筋。

⑤ 使用未达到养护期的水泥柱。很多建造队为加快建棚进度而使用制成仅仅 3 天左右的水泥柱,但是这些水泥柱的凝固强度还达不到 60%,与国家规定的水泥柱制成后,晾放时间必须达到 26 天,凝固强度达到 90% 以上的要求相差很远,水泥柱的抗压能力会降低,使用年限也会缩短。

对策:使用直径 4 毫米的钢筋以及达到养护期的水泥柱。

问题二:用普通钢丝代替热镀锌钢丝。

热镀锌的钢丝,抗腐蚀、抗锈能力强,镀锌层牢固,韧性强,这样在使用铁丝将竹竿固定在钢丝上时,即使固定强度较大也不会将锌层弄坏,从而延长使用年限。棚面上的钢丝使用量越多,大棚的抗压能力越强,承重越大。因此,正规建造的大棚棚面上,最顶部每隔 15～20 厘米设置一根钢丝,越向下钢丝间距越大,靠近大棚前面的钢丝间距能够达到 35 厘米左右。

对策:必须使用热镀锌钢丝。

问题三:用普通钢管代替镀锌钢管。

没有建过棚的菜农认为,普通钢管与镀锌钢管没有区别,实际则不然,镀锌钢管有镀锌层,能起到很好的防锈作用,而且强度大,抗压能力强。普通钢管在刚开始时表面也很光亮,不容易与镀锌钢管区分,但它的抗压能力小,并且因为棚内湿度大,普通钢管在大棚内使用后容易被水侵蚀生锈,使用时必须进行刷漆防锈,使用 2～3 年油漆会出现脱落，必须重新进行刷漆，以延长使用年限。

对策：必须使用热镀锌钢管。

问题四：使用劣质棚膜。

劣质棚膜延展性能较差，保温性能也差，易被大风撕破，实践证明多数倒塌的大棚，其棚膜质量都较差。大棚使用优质棚膜非常重要。一是优质棚膜可增加透光率，提高棚温，利于蔬菜生长。二是闭棚后，优质棚膜能消雾、流滴，降低棚内湿度，减轻蔬菜病害发生，如黄瓜霜霉病等。三是优质棚膜能够抗老化，高温、低温对其影响甚微。

对策：使用优质棚膜。在每年的休棚期，一定要加强棚体养护。老棚要及早更换新棚膜，新棚宜采用抗拉伸、耐老化的优质棚膜，万不可图便宜，误大事。另外，棚膜覆盖后，一定要固定好压膜绳，同时注意大拱棚南北两侧面的压膜绳宜用布条包裹，以免勒破棚膜。

4. 配套措施方面

问题一：冬季对防风、防寒、防雨雪措施重视不够。

冬季为抵御寒流，保持棚温，大棚除了覆盖草苫外，还可增设防寒膜，即在草苫覆盖后，再在其上覆盖一层旧薄膜。此防寒膜不仅可以防止棚内热量向外散失，而且可防雨雪浸湿草苫。另外，冬季大风对大棚的危害也不可忽视。根据一些菜农的经验，冬季防风可以在冬暖式大棚后墙上增设防风后盖。所谓防风后盖就是在冬暖式大棚后屋面处再盖一块长与防寒膜同长、宽约 1.5 米的薄膜。在放下草苫或保温被、覆盖上防寒膜后，再用这块薄膜把防寒膜盖上，就能防止北风吹入防寒膜内，避免将其撕破。实践证明，大棚上设置防风后盖成本不高，防风效果却很好。

对策：增设防寒膜和防风后盖。

问题二：夏秋季对防雨、防涝措施重视不够。

在夏秋季节，正值大棚越夏蔬菜盛果期或早秋茬蔬菜幼苗期。可是，该期雨水偏多，易发生雨水灌棚现象，导致蔬菜受涝灾。比如大棚，如不及时关闭通风口，雨水易从此处流入棚内；而对于冬暖式大棚而言，雨水主要是从其前帘处灌入棚内。这就要求大棚要在雨前关闭通风口，而冬暖式大棚除了避免下挖过深（以 50～80 厘米为宜）外，宜在棚前挖设排水沟，沟宽 30 厘米、深 40 厘米。

对策：雨前关闭通风口，合理挖设排水沟。

（五）设施生产中容易出现的问题与对策

1. 共性问题

（1）施肥方面

问题一：有机肥的施用量偏小，或一次施用量过多。

设施蔬菜生产是在一个特定的狭小空间进行的，菜农习惯长期种植单一的蔬菜品种，加上某种蔬菜对养分吸收的特定性，往往造成土壤微生物发生变化，使土壤养分单一化。一方面，目前设施内总体有机肥的施用量偏少，不能很好地维护土壤水、肥、气、热的缓冲能力和养分平衡，种植一段时间后常使土壤板结、黏重、适耕性和透气性变差，蔬菜的正常生理功能发生障碍，造成生理性病害的发生。另一方面，有些新棚为了增加土壤有机质含量一次性施用未腐熟的有机肥过多，集中发酵使棚室内氨气的浓度过大，导致氨害和烧苗沤根现象发生。

对策：设施蔬菜施肥要注重有机肥的施用。有机肥含有多种有效成分和微量元素。施入后，一方面可以增加土壤养分，使土地肥沃，满足蔬菜对不同养分的需要；另一方面又可以改善土壤的理化性质，增强其保水保肥的能力。此外，多施有机肥，可使土壤温湿度、通透性等条件更适合腐生微生物活动，促使土壤有机质发酵，分解产生二氧化碳，起到补充二氧化碳的作用。土壤中腐生微生物的生长，还可抑制寄生物的活动，防止病虫害的发生，起到生物防治的作用。

有机肥施用注意事项：①施用的有机肥要充分发酵腐熟，不能在棚室内发酵。有机肥具有养分全、肥效长、污染小的特点，高效有机肥可增加土壤有机质含量，提高土壤蓄水、保肥能力，改善土壤的理化性状和团粒结构，提高农产品品质。②要均衡适量，根据不同蔬菜品种生长所需养分，在蔬菜播种前，一次施足经过腐熟的优质有机肥，基本满足蔬菜一生中所需的养分。在蔬菜生长季节，视需肥情况合理追施无机肥。③推广"四位一体"模式。在蔬菜大棚地下建8～10米³的沼气池，地上种菜、养鸡、养猪，实行种养结合。这样便形成以沼气为纽带的良性生态循环，既为大棚提供了优质有机肥，又可通过燃烧沼气为蔬菜生产提供所需的二氧化碳气肥。

问题二：无机肥施用量过大。

设施蔬菜在栽培过程中，农民无机肥投入量过大，造成连续种植多年的设施内土壤氮、磷有一定的积累，氮、磷、钾施用与作物需求有差距。长期过量施用无机肥会造成土壤中营养元素的过累积，降低微生物的数量和活性，导致土壤板结、盐渍化、营养失调。

对策：①平衡施用无机肥。根据蔬菜需肥规律在合理施用有机肥的基础上，合理配施无机肥。②加大对微肥及生物肥的利用。微肥能平衡作物所需的养分，而生物肥料能通过自身所含有的微生物分泌生理活性物质，能固氮、解磷、解钾、分解土壤中的其他微量养分，提高化肥和有机肥的利用率，改善土壤的理化性状，使土壤能供给作物各种养分，促进作物生长，提高作物产量和产品品质，同时还能分解土壤中的有害化学物质和杀死有害菌群，减少化肥、农药的残留量及有害病菌。③协调大量元素与微量元素之间的关系。人们在配方施肥中，往往重视氮、磷、钾等大量元素的施用，而忽视了微量元素肥料的施用。增施微量元素或喷施微量元素生长剂及复合生物生长剂，都能使养分平衡供应，促进作物体内营养快速转化，减少有害物质的积累，是促使作物抗病、防病并增加产量、提高品质的好方法。④在施肥上建议采取优化配方施肥。

问题三：养分比例不平衡。

养分比例不平衡是所施肥料中氮、磷、钾养分比例不符合作物要求，没有达到调节土壤养分状况的作用造成的。施肥过程中普遍存在着"三重三轻"现象，即重化肥，轻有机肥；重氮、磷肥，轻钾肥；重大量元素，轻中、微量元素。由于养分投入极不平衡，使肥料利用率降低，土壤还会出现不同程度的盐害，严重影响蔬菜的正常生长，不但农民收入减少，而且也会造成环境污染。

对策：施肥应调整氮、磷、钾和中、微量元素的比例，推广施用蔬菜专用型复合肥料，实现平衡施肥，使作物得到全面合理的养分供应，最大限度地发挥作物的增产潜力，从而达到节约肥料成本，保证蔬菜实现高产、优质的目的。

问题四：过分夸大叶面肥和生长调节剂的作用。

设施蔬菜栽培中，适当地施用叶面肥或植物生长调节剂对于其生长发育有一定的作用，而过多施用则会对植物产生不利影响，施用浓度不当或施用方法不正确还会引起一些中毒症状，造成生理性病害的发生。

对策：植物生长所需的养分主要是其根部从土壤中吸收来的，如果土壤中某种元素不能满足植物生长的需要，植株就表现出相应的缺素症状，施用叶面肥后可以暂时缓解这种症状，但不能夸大其作用。一般在蔬菜需肥的高峰期及蔬菜生长后期，可以结合喷药防治病虫害，多次施用叶面肥，以补充作物所需的养分。叶面施肥只起辅助性作用，关键是要根据蔬菜的需肥特点，做到有计划施肥、配方施肥和测土施肥，以满足作物正常生长所需养分。生长调节剂在应用上有一定的条件和范围，尤其要掌握好应用的时间和浓度，不能马虎大意，否则就不能达到蔬菜增产的效果。

问题五：施肥方法欠科学。

施肥不根据蔬菜生长特点和需肥规律进行，盲目性、随意性很大。施肥方法多样化，冲施、撒施、埋施等多种施肥方法兼用，但在施肥过程中处理不当，影响施肥效果，甚至产生肥害。

对策：推荐使用测土配方施肥技术，根据蔬菜的需肥规律和各个生长阶段对肥料的需求特点，合理地分期施肥，以满足作物整个生育期的养分供应，达到经济施肥的目的。底肥最好在蔬菜定植一周前施用，并且要与土壤混合均匀。追肥可以在距离植株 7～10 厘米的地方沟施或者穴施，追肥后要及时盖土、浇水，千万不要将肥料直接撒在地面或植株上，以免肥料挥发或烧伤蔬菜秧苗。控制氮肥，增施磷、钾肥。尿素施用后不宜立即浇水，也不宜在大雨前施用，否则尿素很容易随水流失。还要限量施用碳酸氢铵，因氨气挥发，容易引起氨害。提倡秸秆还田、施用精制有机肥，培肥地力，有利于提高化肥利用率。选用含腐殖酸的复合肥料也可起到同等效果。利用滴灌设施进行追肥（水肥一体化）效果较好，即通过滴灌管道将肥料与水输入蔬菜根系周围的土壤中，由于有地膜覆盖，肥料几乎不挥发、无损失，既安全，又省工省力。

（2）病虫害防治方面

问题一：病害的防治上重治轻防。

在设施蔬菜的生产过程中，菜农往往不注意环境条件的控制及根据病害的发生规律来进行预防，而是等到发病以后再使用化学农药，并加大用量，以致防治效果降低。

对策：设施蔬菜病害的防治应贯彻"预防为主，综合防治"的方针，从蔬菜生产全局和菜田生态系统的整体出发，综合考虑设施蔬菜生产多方面的有利和不利因素，抓住防病关键时期，及早预防。协调运用农业、生物、物理、化学等防治措施，综合防治蔬菜病害。

具体对策：①选择抗病品种。播前进行种子处理，消灭病原菌，培育无病壮苗。②嫁接栽培。如利用黑籽南瓜作砧木，选用亲和力较好、品质优良的黄瓜品种作接穗，增强抗病能力。③高温闷棚。选择晴天中午封闭大棚 2 小时，使棚内温度很快升至 47 ℃左右，可消灭植株上和土壤表面的病原菌。④对症防治。根据各种病害的发生规律，找出薄弱环节，做到对症下药、科学用药、适期防治。

问题二：重化学防治，轻农业、物理、生物防治。

大多数菜农在病虫害的防治上单纯依靠化学防治，只注重喷洒农药治病、灭虫，不注重运用农业、生态、物理等综合防治措施，不注重提高作物自身的抗逆性、适应性，导致作物自身对病虫危害免疫力较弱。

对策：病虫害的预防要从蔬菜播种前就开始做好准备，在棚室消毒、土壤处理及浸种、催芽、育苗等各方面充分做好防护，提高种苗的抗病、抗逆、适应能力。栽培生产过程中，采用地膜覆盖、高垄栽培、膜下暗灌、放置粘虫板和防虫灯、使用防虫网、及时开合放风口等措施，提高蔬菜自身对病虫危害及各种恶劣环境条件的适应性和抗性，使蔬菜对病害产生较强的免疫力，不得病、少得病。这样做既减少了用药，降低了成本，又提高了产量、品质，增加了经济效益。

问题三：药剂使用不科学。

部分菜农为了追求更高的经济利益，非法使用一些蔬菜上明确规定禁止使用的高毒高残留农药，造成大量的有毒蔬菜流入市场，对蔬菜生产和市场供应造成不良影响。此外，农药使用不科学还表现在使用时间、剂量和安全间隔期上。

对策：加强法律法规的宣传。加强宣传，提高菜农的无公害种植意识，杜绝使用国家明确规定蔬菜上禁止使用的高毒、高残留农药。合理使用化学农药。①选择高效、低毒、低残留农药，严格按照农药安全使用规程用药，不随意增加浓度和用药次数，注意最后一次用药的日期距离蔬菜采收日期之间应有一定的间隔天数（即安全间隔期），防止蔬菜产品中残留农药超标。②对症下药。密切观测病虫害的发生和发展情况，选择使用对症农药，确定并掌握最佳防治时期，做到适时适量用药。使用时严格掌握用药量、配制浓度和药剂安全间隔期。提倡选用多抗霉素、井冈霉素、嘧啶核苷类抗生素、浏阳霉素、硫酸链霉素等，既能防病治虫，又不污染环境和毒害人畜，且对于天敌安全，害虫不产生抗药性。③合理混配药剂。提倡不同种类的农药合理交替和轮换使用，可提高药剂利用率，减少用药次数，防止病虫产生抗药性，从而降低用药量，减轻环境污染。但农药混配时要以保持原药有效成分或有增效作用，不产生剧毒并具有良好的物理性状为前提。一般各种中性农药之间可以混用，中性农药与酸性农药可以混用，酸性农药之间可以混用，碱性农药不能随意与其他农药（包括碱性农药）混用，微生物杀虫剂（如苏云金杆菌乳剂）不能同杀菌剂及内吸性强的农药混用，否则就会影响药效的发挥，达不到防治的目的。

问题四：喷药技术掌握不当。

大部分菜农在使用农药过程中，不注意喷药的时间、喷药的部位及喷药的方式等细节，致使农药没有充分发挥药效。

对策：①喷药要全面。喷药时应做到不漏喷、不重喷。从植株底部叶片往上喷，正反面都要喷均匀。②喷药时要抓住重点。中心病株周围的易感植株要重点喷，植株中上部叶片易感病要重点喷。③确定好喷药时间。一般情况下光照强、温度高、湿度大时，作物蒸腾作用、呼吸作用、光合作用较强，茎叶表面气孔张开，有利于药剂进入，另外湿度大时叶表面药液干燥速度慢，药剂易吸收，药效增强。但是光照过强、温度过高易引起药剂光解或药害，因此中午前后不宜喷药。一般应于上午用药，夏季下午用药，浇水前用药，以保证用药质量。

问题五：病残体处理不到位。

蔬菜的残枝败叶堆积在道边，成为病虫害重要的传染源之一，易造成气传病害的蔓延和再侵染，如灰霉病、霜霉病病菌能随风飘移。工作人员进行农事操作时不注意，也易传带病菌，特别是根结线虫病。另外，大多数菜农不注意封闭棚室，各棚室之间的操作人员经常相互串走，随便进入对方棚室，给病菌、害虫的传播提供了便利条件。

对策：①清洁田园。将棚室的残株、烂叶、烂果和杂草清除干净，运至棚外焚烧或集中深埋处理，切断病虫的传播途径。②触摸病株后要清洗双手，以防双手带菌传播。③各棚室之间的操作人员减少串走次数。

(3) 种植管理方面

问题一：种植品种杂乱。

优良的蔬菜品种是获得较好经济效益的基础，一些生产者没有掌握设施栽培的特点或没有全面了解所选蔬菜品种的特性等，盲目发展，盲目选择蔬菜品种。有些菜农接受新品种、新技术慢，导致设施内品种种植杂乱，不成规模。

对策：种植蔬菜品种要以市场为导向，选择当地市场受欢迎的品种。还要根据设施类型和茬次安排确定所需的品种，冬季生产要选择耐低温、耐弱光、高产抗病、抗逆性好的品种；夏季生产要选择耐高温、抗病虫、产量高的品种。种植前要掌握蔬菜品种的特性、栽培要点，还要与周边蔬菜基地种植模式、品种、茬次等相对一致，从而实现规模种植和统一管理、统一销售。

问题二：栽植密度大，形成旺长弱株。

设施栽培，因为建造成本较高，为获得较高的收益，菜农往往会产生尽可能利用空间的心理，希望通过增加栽植密度取得高产，加上肥水施用量过早过大，容易形成过密旺长弱株，造成坐果少或不坐果，畸形果多，果小甚至果苦等问题。同时，生长过旺还易造成茎裂、茎折等现象。

对策： 合理密植。根据不同蔬菜的特性合理定植。

问题三： 定植后不能形成壮根苗。

设施蔬菜生产用苗多为移栽苗，移栽后一般气温高，地温较低，往往地上部生长过旺，地下部不能形成壮根。后期植株长大时，因根系问题水分和养分往往供应不上，轻微时出现花少、果少、果发育不良，果小木栓化，茎裂等现象，严重时会造成植株生理性死亡。

对策： 移栽后30～45天内注意壮根防旺长。

问题四： 蔬菜科学管理不够。

多数菜农仅凭经验种植蔬菜，对蔬菜的生长特性和适宜环境不太熟悉，对蔬菜生长所需的温、光、水、肥、气等管理不到位，没有充分挖掘蔬菜的增产潜能。

对策： 在设施蔬菜生产过程中要不断积累经验，掌握系统的栽培管理技术，了解蔬菜的生长发育特性，科学调控温、光、水、肥、气等环境条件，给蔬菜创造一个适宜的生长环境，从而获得较高的经济效益。具体对策如下：

①采用高垄定植、地膜覆盖的栽培模式。农谚说得好："壮棵先壮根，壮根提地温。"番茄、茄子、辣椒等茄果类蔬菜属喜温作物，根系较浅，呼吸强度大，采用高垄栽培，能扩大受光面积，使上层土壤温度较高、透气性好。浇水时浇沟洇垄，能增强抗旱、排涝的能力，同时不会湿度过大，有利于茄果类蔬菜根系生长。采用起垄定植后再结合地膜覆盖的方法，能增温保温、保水保肥、增加反光照等，是一种值得推广的栽培模式。菜农在覆盖地膜时，最好不要选用黑色地膜，因为黑色地膜不透光，地温升高慢。

②浇水时小水勤浇。无论是茄果类蔬菜还是瓜类蔬菜，都不适宜大水漫灌。如果冬季棚内浇水过多，棚内湿度过高，会造成蒸发量较大，棚内蒸汽较多，附在薄膜上之后，势必就会阻碍光照，影响透光性。一次性浇水过大，还会使作物的根系受到伤害，造成土壤透气

性不良，降低地温，引发沤根、根腐病等根部病害。一般在浇水6小时后，垄能全部洇湿，表示浇水量最为适宜。另外，茄果类蔬菜本身需水量小，在浇水时，一定要控制浇水次数，控制浇水量。

冬季浇水选晴天上午，不宜在傍晚和阴雪天浇水。冬季棚内温度低，放风量小，水分消耗少，因此需小水勤灌。棚室内宜采用膜下暗灌和微灌技术。以上措施可以有效控制棚内湿度，减轻病虫害的发生，微灌还可以减少肥料流失。冬季灌水后当天要封闭棚室以迅速提高室温，地温提升后，及时放风排湿。苗期浇水后为增温保墒，应进行多次中耕。

③ 平衡施肥。

一是根据蔬菜生长需肥规律，适时适量平衡施肥。不少菜农在蔬菜定植缓苗后就追肥，尤其是猛追氮肥，结果造成植株徒长、不坐果等现象。有些菜农试图喷洒抑制剂解决旺长植株不坐果现象，喷轻了不管用，而喷重了往往造成果实发育缓慢现象。茄果类蔬菜苗期应以控为主，一般在番茄第1穗果长到核桃大、辣椒门椒坐住、茄子门茄坐住后才可追肥，追肥时量不宜过大，每亩追15千克即可。

二是平衡施肥。不少菜农在施肥时只注重氮、磷、钾肥的施用，而忽视了钙、镁等肥料的施用，尤其是在施用氮肥量过多的情况下，会抑制植株对钙肥的吸收，造成茄果类蔬菜脐腐病、瓜类蔬菜烂头顶逐年加重。有些地区因缺镁，导致植株下部叶片变黄；缺硼易造成落花落果；缺锌和铁易造成植株顶部叶片变黄，失去营养价值。这些缺素症都会造成蔬菜大幅度减产。所以，施肥时要做到平衡施肥，不仅施用氮、磷、钾肥，也要注重钙、镁等大量元素和锌、硼、铁等微量元素肥料的施用。如苗期主要供应氮、磷肥，花期增施钙、硼肥，果实期增施钾肥。

④ 合理进行环境调控。

一是温度调控。菜农应充分了解所种作物的生物学特性，按其特性进行管理。如苦瓜、豇豆等属于高温作物，这些作物在开花坐果期要求白天温度在30~35 ℃，最低温度不能低于28 ℃，如果温度达不到，产量将会大幅度降低。茄果类蔬菜要求的温度则相对低一些。番茄白天温度24~26 ℃，前半夜15~17 ℃，后半夜10~12 ℃生长发育较好；黄瓜白天温度 25～28 ℃，前半夜 16～18 ℃，后半夜 12～13 ℃生长发育较好。管理上要区别对待，千万不可照葫芦画瓢。

二是适时揭盖草苫。在温度不会严重降低时，适当早揭晚盖草苫，最好配备卷帘机。日出揭开草苫，如外界温度过低，可把温室前部 1～1.5 米草苫先揭开，温度升高后再全部揭开，使植株充分接受光照。

三是阴天也要揭草苫。在阴天时，只要温度不太低，尤其是连阴天，需把草苫揭开接受散射光，但可以缩短揭苫时间。

四是挖防寒沟。冬季气温较低，于棚前 1 米处挖一道与大棚等长、半米宽、与当地冻土层一样深的防寒沟，在沟内先铺上一层薄膜，然后再塞满干秸秆，这样就能起到很好的保温效果。

五是适时放风。一般在中午温度超过蔬菜生长适宜温度时放风，如番茄、黄瓜在 28 ℃时放风。在冬季低温时期，晴天即使温度没有达到要求也要通风，阴天适当通风排湿，有利于升温和防病。中午风口关闭早的情况下，可在盖草苫前 1 小时左右适当放风。

六是经常打扫棚膜。要经常打扫和清洁棚膜外表面的灰尘、积雪和内表面的水滴，可以提高透光率 5%～15%。

七是连阴天骤转晴后"回苫喷水"。连阴天骤转晴后如按平常晴天揭开草苫，由于地温低，根系吸水困难，会造成棚内蔬菜闪秧死棵。可采用揭花苫、喷温水的措施来防止蔬菜闪秧，即揭草苫时不要全棚揭开，而是隔一床揭一床。揭开草苫后受到了阳光直射的蔬菜一般在拉开草苫 10～15 分钟后就会出现萎蔫，应及时往植株上喷洒 20 ℃左右的温水，然后再放下草苫，再揭开第 1 遍没有揭开的草苫，让没有接受强光照的蔬菜也接受强光照，用同样喷温水的方法促其恢复正常生长。如此反复进行几次，棚内的地温如果达到 20 ℃，蔬菜受到强光照射后就不会再出现萎蔫现象，此时可以全部揭开草苫。第 2 天恢复正常管理。

⑤ 不要过分依赖激素。在蔬菜栽培管理中，如果长期使用激素，极易导致作物早衰，应从根本上调控植株长势，才能获得良好的效果。可从深翻土壤，改善土壤通透性方面入手。将操作行用铁锹翻 5～7 厘米，再撒入少量化肥和微量元素，趁此时浇一小水，7 天后根

系扎入土壤中，15天后植株即可恢复正常生长。这一做法增加了植株的营养面积，提高了土壤透气性，促进了根系生长，可防止植株早衰。

（4）连作障碍

问题：蔬菜连作障碍是指同种蔬菜在同一地块上连续栽培，即使进行常规肥水管理，也会发生病虫害加重等问题，引起植株生育不良、产量下降、品质变劣的现象。

① 病虫害加重。设施连作后，由于其土壤理化性质以及光照、温湿度、气体的变化，一些有益微生物（氨化细菌、硝化细菌等）生长受到抑制，而一些有害微生物迅速得到繁殖，土壤微生物的自然平衡遭到破坏，这样不仅导致肥料分解过程的障碍，而且病虫害发生多、蔓延快，且逐年加重，特别是一些常见的叶霉病、灰霉病、霜霉病、根腐病、枯萎病和白粉虱、蚜虫、斑潜蝇等基本无越冬现象，从而使生产者只能靠加大药量和频繁用药来控制，造成对环境和农产品的严重污染。

② 土壤次生盐渍化及酸化。设施栽培用药量大，加上常年覆盖改变了自然状态下的水分平衡，土壤长期得不到雨水充分淋浇，再加上温度较高、土壤水分蒸发量大，下层土壤中的肥料和其他盐分会随着深层土壤水分的蒸发，沿土壤毛细管上升，最终在土壤表面形成一薄层白色盐分，即发生土壤次生盐渍化现象。同时由于过量施用化学肥料，有机肥施用又偏少，土壤的缓冲能力和离子平衡能力遭到破坏，导致土壤 pH 下降，即土壤酸化现象。土壤溶液浓度增加使土壤的渗透势加大，农作物种子的发芽、根系的吸水吸肥均不能正常进行。

③ 植物自毒物质的积累。这是一种发生在种内的生长抑制作用，连作条件下土壤生态环境对植物生长有很大的影响，尤其是植物残体与病原菌的代谢产物对植物有致毒作用，连同植物根系分泌的自毒物质一起影响植物代谢，最后导致自毒作用的发生。

④ 元素平衡破坏。由于蔬菜对土壤养分吸收的选择性，长期种植同种蔬菜使土壤中某些元素过度缺乏，而某些元素又过度剩余积累，使土壤中矿质元素的平衡状态遭到破坏，容易出现缺素症状，使

蔬菜生育受阻，导致蔬菜作物产量和品质下降。

对策：

① 应用秸秆生物反应堆技术。秸秆在微生物的作用下，定向转化成植物生长所需的二氧化碳、热量、抗病孢子、酶、有机和无机养料，在反应堆种植层内，20 厘米耕作层土壤孔隙度提高一倍以上，有益微生物群体增多，水、肥、气、热适中，此技术对设施蔬菜土壤连作障碍有治本的作用。

② 增施有机肥。有机肥养分全面，对土壤酸碱度、盐分、耕性、缓冲性有调节作用。设施蔬菜地每季施优质农家肥每亩 30 米^3 为宜。采用秸秆覆盖还田、沤肥还田技术，可起到改土、保湿、保墒作用。每亩施用含有机质 30％以上的生物有机复合肥 150～200 千克。因其养分配比合理，又含有较多的有机质成分，可满足蔬菜营养生长期对养分的需求，随后追施氮、钾冲施肥即可。

③ 平衡施肥。化肥施用不合理，尤其是氮肥施用过多，是连作蔬菜大棚土壤障碍的主导因素。因此平衡施肥是大棚蔬菜高产、优质、高效的关键。氮、磷、钾肥合理施用，总的原则是控氮、稳磷、增钾。一般块根、块茎类蔬菜以磷、钾肥为主，配施氮肥；叶菜类以氮肥为主，适施磷、钾肥；瓜果类蔬菜以氮、钾肥为主，配施磷肥。施用上氮肥、钾肥 50％作基肥，磷肥 100％作基肥。基肥应全层施用，与土壤充分混匀，追肥则结合灌溉进行冲施或埋施。可适量施用高效速溶微肥和生物肥料，以防止缺素症的发生。根据作物不同生长时期养分需求规律，结合灌水补施相应的冲施肥。

④ 合理轮作倒茬。利用不同蔬菜作物对养分需求和对病虫害抗性的差异，进行合理的轮作和间、混、套作，也可以减轻土壤障碍和土传病害的发生。

⑤ 深翻消毒。深翻可以加深土壤耕作层，破除土壤板结，提高土壤通透性，改善土壤理化性状，消除土壤连作障碍。结合深翻整地用棉隆颗粒剂进行化学消毒，也可有效减轻连作障碍的发生。

⑥ 调节土壤 pH。蔬菜连作引起土壤酸化是一种普遍现象，每年对棚内土壤要做一次 pH 检测，当 pH≤5.50 时，翻地时每亩可施用石灰 50～100 千克，与土壤充分混匀，这样不但可提高土壤 pH，还

对土壤病菌有杀灭作用。

2. 个性问题

(1) 温室黄瓜生产中存在的问题与对策

问题一: 品种选用不当。

选品种时没有按栽培季节合理选择耐低温、耐弱光和抗性强的适宜品种。

对策: 选用高产、优质、耐低温、耐弱光、抗病品种。要依据生产条件选择适宜品种。如津春 3 号、津春 4 号、津绿 3 号、津优 2 号等品种具有坐果节位低、早期产量高、瓜条直、瓜把短、商品性能好和抗霜霉病、白粉病、灰霉病等特点,适宜秋冬茬和早春茬栽培。

问题二: 土壤肥力低,施肥不合理。

由于大多数农户在建造温室过程中为了省时省工,将耕层熟土全部用于打建墙体,使得温室土壤肥力降低,土质坚硬僵化,有机质含量低,氮、磷、钾比例失调,与当季黄瓜生产所需肥力相差甚远。另外,有的菜农在施肥上施用未充分腐熟的有机肥。未经发酵的有机肥施入后迅速分解挥发,释放出的氨气、二氧化硫等有毒气体不能及时排出,对黄瓜生长造成影响。再加上施肥的不合理性,致使土壤盐渍化,促使黄瓜生理性病害如黄瓜花打顶、化瓜、畸形瓜、苦味瓜等的发生加剧,导致黄瓜产量和品质下降。

对策:

① 增施腐熟有机肥、培肥地力。有机肥丰富的有机质能改善土壤理化性质,提高土壤保肥供肥能力。因此,为了获取高产、优质的黄瓜,菜农在施基肥时应以充分腐熟的有机肥为主,并施入适量的化肥,结合翻地,可以提高土壤肥力,改善土壤结构,活化土壤,增加黄瓜根系吸收水分和养分的能力。

② 化学肥料平衡施用。黄瓜是陆续采收的蔬菜,生长期长,需肥量大,要获得高产单靠基肥远远满足不了需要,必须少量多次平衡追肥,以增强黄瓜对病虫害以及恶劣天气的抵抗力。一般在根瓜采收后结合灌水开始第 1 次追肥,每次每亩追施尿素 10 千克,磷酸二氢钾 5 千克,此后每浇水 2~3 次追肥 1 次,并结合根外追肥,一般在结果盛期每隔 7~10 天叶面喷磷酸二氢钾 1 次。

问题三：浇水不及时，浇水方法不当。

温室黄瓜适宜在土壤温度相对较高，空气相对湿度较小的环境里生长。但目前生产上，一部分温室由于滴灌设施不配套而采用膜外浇水，大水漫灌等方式，造成温室内空气相对湿度居高不下，长时间在85％以上，黄瓜叶片、叶柄、茎蔓、花上常形成水膜或水滴，既影响呼吸，又为病菌孢子萌发侵染创造了十分有利的条件。

对策：合理灌水。

温室黄瓜灌水要合理适时，先应浇足底墒水，浇好定植水，根瓜采收前一般不浇水，要蹲苗，根瓜采收后应及时浇水，应注意1次浇水不宜太多，应少量多次。秋冬茬黄瓜一般10～15天浇1次水，每次每亩15吨左右。早春随外界气温的回升和光照时间的延长，需水量不断增大，应缩短浇水时间，7～10天浇1次水，每亩灌水量增加1倍达到30吨左右。浇水最好选晴天上午，特别是严冬和早春，不但灌水当天要为晴天，而且要连晴几天，一定要在浇水前1周将外界井水引到蓄水池蓄热升温，水温保持在15℃以上，不低于10℃。灌溉方式最好采用滴灌，膜下暗灌，切忌大水漫灌。总之，温室黄瓜浇水要根据天气、墒情、苗情灵活掌握，适时调整，既要保证水分充足供应，又要避免因浇水不当而使地温骤降，空气相对湿度增大，导致病害的发生。

问题四：病虫害防治不及时。

日光温室生产时间长，多处于低温高湿或高温高湿的环境，会诱发各种病虫害的发生和流行，且病虫害发生较露地早、危害重、种类多，而大部分农民并不能掌握日光温室病虫害的发生规律和特点。

对策：落实病虫害的综合防治措施。

温室黄瓜主要病害有霜霉病、灰霉病、疫病、根腐病、细菌性角斑病和苗期猝倒病，虫害有蚜虫、白粉虱、美洲斑潜蝇等。在病害防治上应以"预防为主，治早治少，综合防治"为原则，采取综合措施。

选用抗病新品种，并将种子消毒，加强栽培管理，及时清洁棚内环境，合理浇水施肥。猝倒病可用72.20％霜霉威盐酸盐水剂400倍液或20％甲基立枯磷乳油1 200倍液防治。灰霉病用50％腐霉利可湿性粉剂1 000～1 500倍液或40％嘧霉胺可湿性粉剂800～1 200倍液防治。霜霉病可用3％多抗霉素可湿性粉剂1 000倍液防治。

(2) 早春茬大棚西瓜生产中存在的问题与对策

问题一：种植品种单一，棚室西瓜特色品种与普通品种之间价格相差悬殊。生产中主栽品种为京欣1号、京欣2号，特色品种少。

对策：注意引进新、特、优品种，实行品牌战略。

在大面积种植京欣1号的同时，可适当引进小型、黑皮、黄瓤、无籽、特味西瓜品种，如特小凤、红小玉、蜜黄1号、黑美人、荆杂512奶味西瓜等。随着种植面积的扩大，产量增长速度较快，以降低价格的方法来促进消费必然会影响瓜农的经济利益。所以，必须统一包装、统一标识，注重品质，树立好品牌形象，增强市场竞争力，使种植面积再上新台阶。

问题二：保温措施少，前期温度低。每年4月底至5月初，早春大棚西瓜开始上市，而早春露地地膜覆盖西瓜5月下旬上市，上市时间集中，从而影响了大棚西瓜的经济利益。

对策：采用多层覆盖，提高前期温度，使大棚西瓜可以提早上市。

在塑料大棚内，推行用银灰色双面膜作地膜，上扣小拱棚，傍晚加盖草苫，然后再加盖1～2层塑料膜，有良好的增温、保温效果。使用银灰色双面膜作地膜，还能起到防病、防蚜虫、防白粉虱的效果。

问题三：结瓜率低，坐瓜节位高且不整齐。

对策：降低坐瓜节位，提高坐瓜率，确保一蔓一瓜是提高前期产量、增加经济效益的关键。

① 中小型西瓜品种应改爬地栽培为吊蔓栽培，提高种植密度，是获得高产、高效的前提条件。京欣1号为早熟品种，果实发育期为28～30天，单瓜重3～4千克，生产上一般为2～3千克，适合吊蔓栽培。大棚吊蔓栽培，行距130厘米，株距45厘米，每畦双行栽植，每亩栽1 200～2 000株。灌水易引起土壤降温，棚内空气相对湿度增大，造成病害流行，可在地膜覆盖的畦埂上设上宽30厘米、下宽15厘米、深15厘米的沟，实行膜下暗灌。

② 人工授粉，提高坐瓜率，保证坐瓜整齐一致。去掉第 1 雌花，从第 2 雌花开始授粉。早晨 7 时至 9 时，采摘开放的雄花涂抹雌花，1 朵雄花可涂抹 2～3 朵雌花。若遇低温降雨天气，可喷洒坐果灵提高坐瓜率，也可在授粉前 3 天用 0.15 千克硼砂、0.15 千克磷酸二氢钾混合兑水 100 千克叶面喷施，也能提高坐瓜率。授粉时间要适宜，授粉要量大且均匀，以保证西瓜瓜形圆正，每株授粉 2 朵雌花，以利于选择定瓜。一般为一蔓一瓜，及早去除病瓜、畸形瓜。定瓜后，在坐瓜节位上 2～3 片叶摘心。

问题四：品质差，尤其是嫁接西瓜，瓜瓤松软，甜度不够，口感差。

对策：运用综合措施，提高西瓜品质。

① 选用葫芦或瓠瓜做砧木，忌用黑籽南瓜，以保持西瓜的原有风味。

② 重施腐熟有机肥，增施磷、钾肥，提高含糖量。基肥每亩施充分腐熟的鸡粪、猪粪或土杂肥 2 000 千克，饼肥 50 千克，硝酸磷肥 40 千克，硫酸钾 20 千克，充分混合，一半撒施地表，深耕施入，一半结合整地，作畦施入。定植时，每亩穴施饼肥 20 千克、草木灰 5 千克。80％的西瓜鸡蛋大小时，亩施氮磷钾三元复合肥 15 千克。结瓜期可用 0.3％磷酸二氢钾结合喷药进行叶面喷施，每 7～10 天 1 次，连喷 2～3 次。施肥结合暗沟灌水进行，采收前 10 天必须停水。

③ 严格控制棚内温度，保持 10 ℃的昼夜温差。一般坐瓜期白天温度保持在 25～28 ℃，不高于 32 ℃，夜间温度保持在 15 ℃左右。

④ 采用塑料袋套瓜，提高西瓜商品性。定瓜后，喷 10％百菌清可湿性粉剂消除果面病菌，然后依品种、单瓜重选择大小合适的白色塑料袋套瓜，用回形针别住袋口，并结合吊瓜将上端固定到铅丝上防止下滑。塑料袋套瓜可减少虫瓜率和病瓜率，显著减少药物残留，瓜面光洁鲜亮，可有效提高果品商品性，增加经济效益。

⑤ 采用综合措施防治病虫害，积极在大棚内推广使用粉尘剂，禁止使用剧毒、高残留农药。应树立预防为主，治病为辅的思想，克服"无病不离、小病不治、大病重治"的错误做法。大棚内使用粉尘剂喷粉法较喷雾法省时、省工、高效，且不会因喷雾造成湿度过大而

导致病害流行。西瓜在嫁接的情况下，主要病害为炭疽病、白粉病，虫害有蚜虫、白粉虱、根结线虫、根蛆等。西瓜炭疽病、白粉病可用5％百菌清粉尘剂、25％络氨铜水剂等交替使用。蚜虫、白粉虱可用70％蚜螨净乳油或40％菊马乳油等交替使用。

（3）早春设施番茄生产中存在的问题及对策

问题一：施肥不当。

有些地块底肥施用少，不能为生长发育提供足够的养分供应，土壤肥力逐年下降。追肥时施用氮肥偏多，钾肥不足，在果实膨大期追肥不及时，造成果实个小、品质差和易感病虫害。

对策：科学追肥。

当第 1 穗果长到 3 厘米大小时（核桃大小）要及时追肥。番茄在果实膨大期吸收氮、磷、钾肥料比例为 1：0.3：1.8，所以追肥应本着氮、磷、钾肥配合施用和"少吃多餐"的原则，每亩每次追施氮磷钾三元复合肥 20～25 千克加硫酸钾 5 千克，或随水冲施含量 40％以上的液体肥 10～15 千克，尤其要重视钾肥的施用比例，以提高品质和防止筋腐病的发生。以后每穗果长到核桃大小时都要追肥一次，在拉秧前 30 天停止追肥。生长期间叶面喷肥 3～5 次，以快速补充营养，可采用 0.3％浓度的磷酸二氢钾加 0.5％浓度的尿素混合喷施，也可选用其他效果好的有机液体肥，要避开中午光照强时和露水未干时喷施，并尽量喷在叶背面以利于吸收。

问题二：幼苗不健壮，田间管理不科学。

幼苗生长环境差，营养少，透气性不好，温度过高或过低，均会导致幼苗长势弱、根系发育不好，不能为高产、高效打下良好的基础。棚室的温度、湿度、光照等环境条件调节不好，浇水、通风、喷花等方面管理不科学，易造成病虫害发生，畸形果比例大，果实品质差、产量低。

对策：科学管理，促弱转壮。

合理浇水。浇水原则是前期不浇水，坐果后要均匀浇水。待第 1 穗果长至 3 厘米大小时开始浇水，采用膜下滴灌或暗灌的方式。果实膨大期间要保证水分供应，以小水勤浇的方式浇水，不要过分干旱和大水漫灌。一般每 7～10 天浇水一次，结果期土壤水分维持在田间最大持水量的 60%～80%为宜，以防止出现裂果和植株早衰。

采用吊蔓整枝措施。采用塑料绳吊蔓或竹竿搭架来固定植株。宜采用银灰色的塑料绳，有驱避蚜虫的作用。插架时不宜插"人"字架，应插成直立架。定植后的侧枝在长至 7.5 厘米时打去，以后要及时去除侧枝和下部的老叶、黄叶。采用吊蔓方式的植株要及时顺时针方向绕蔓。采用插架方式的植株，进入开花期进行第 1 次绑蔓，绑蔓部位在花穗之下。绑蔓时注意将花序朝向走道的方向。每株留 4～6 穗果，长至预定果穗时摘去顶尖，最上部果穗的上面留 2～3 片叶。

问题三：密度不合理。

种植密度过密或过稀，还有些地块行距过小，不利于植株通风透光和田间操作，致使植株长势弱，易感染病害，产量低。

对策：调节温、湿度和光照。

① 定植到缓苗期。以升温保温为主，定植后闷棚一周左右，使棚温尽量提高，白天保持在 30 ℃左右，温度达 32 ℃以上时可短时间通风，夜间在 15～18 ℃之间。

② 蹲苗期。缓苗后要有明显的蹲苗过程，进行中耕松土，促进根系生长。调节适宜的温度，白天适宜温度在 25 ℃左右，夜间在 13～15 ℃。具体蹲苗时间应根据苗的长势和地力因素来决定，一般在 10～15 天。要控制浇水、追肥，保持室内空气相对湿度在 40%～50%。尽量多增加光照。

③ 开花期。白天生长适温为 20～28 ℃，夜间为 15～20 ℃，保持室内空气相对湿度在 60%～70%。

④ 结果采收期。白天适温在 24～30 ℃，夜间适温在 15～18 ℃。保持室内空气相对湿度在 50%～60%。5 月下旬以后，晴天 11 时至 15 时在棚顶覆盖遮阳网，以降温和避免光照太强而晒伤果实。

⑤ 喷花疏果。在开花适期采用适宜的坐果激素药剂喷花（或蘸花），在不同室温条件下配制不同的浓度，并加入红颜色做标记，避免重喷或漏喷。不要喷到生长点和叶片上，以免造成药害。坐住果后及时疏去多余果实，去掉畸形和偏小的果实，每穗选留果形发育好且生长整齐的果实 4 个左右。

问题四：病虫害防治不及时。有些地块因晚疫病、叶霉病、白粉

44

虱、棉铃虫和根结线虫等的危害而造成减产。

对策：病虫害防治。按照"预防为主，综合防治"的植保方针，坚持"农业防治、物理防治、生物防治为主，化学防治为辅"的原则。不使用国家明令禁止的农药。

晚疫病：应避免低温高湿的生长环境。发病初期用72.2%霜霉威盐酸盐水剂800倍液，或25%络氨铜水剂800倍液喷雾防治。灰霉病：覆盖地膜，降低棚内湿度，合理密植，及时清除病果、病叶。用3%多抗霉素可湿性粉剂500倍液或50%异菌脲可湿性粉剂1 000倍液等药剂喷雾防治。叶霉病：应采用降低湿度、合理密植等农业防治方法来预防，发病初期用20%噻菌铜悬浮剂1 000倍液，或2%武夷菌素水剂150倍液，或80亿单位的地衣芽孢杆菌水剂600倍液喷雾防治。白粉虱：采用黄板诱杀和安装防虫网的方法来减少虫量，在早晨露水未干时喷2.5%溴氰菊酯乳油或20%灭扫利乳油2 000倍液，隔6～7天1次，连续防治3次。蚜虫：采用2.5%溴氰菊酯乳油2 000倍液、50%抗蚜威可湿性粉剂2 500～3 000倍液或10%吡虫啉可湿性粉剂1 000倍液喷雾防治。

03

三、日光温室蔬菜生产模式与技术

（一）日光温室黄瓜‖苦瓜栽培 *

1. 黄瓜、苦瓜对环境条件的要求

（1）黄瓜　黄瓜喜温暖，不耐寒冷。生长适温为 10～32 ℃，一般白天 25～32 ℃，夜间 15～18 ℃生长最好。最适宜地温为 20～25 ℃，最低为 15 ℃左右。最适宜的昼夜温差为 10～15 ℃。黄瓜在高温35 ℃下光合作用不良，45 ℃出现高温障碍，低温 -2～0 ℃冻死，如果低温炼苗可承受 3 ℃的低温。

黄瓜育苗时光照不足，则幼苗徒长，难以形成壮苗。结瓜期光照不足，则易引起化瓜。强光下其群体的光合效率高，生长旺盛，产量明显提高。在弱光下叶片光合效率低，特别是下层叶感光微弱，光合能力受到抑制，而呼吸消耗并不减弱，减产严重。黄瓜在短日照条件下有利于雌花分化，幼苗期 8 小时短日照对雌花分化最为有利。12小时以上的长日照有促进雄花发生的作用。

黄瓜喜湿、怕涝、不耐旱，要求土壤相对含水量为 85%～95%，空气相对湿度白天 80%、夜间 90%为宜。黄瓜不同发育阶段对水分的要求不同，其中发芽期要求水分充足，但土壤相对含水量不能超过 90%，以免烂根。幼苗期与初花期应适当控制水分，维持土壤相对含水量在 80%左右为宜，以防止幼苗徒长和沤根。结瓜期因其营养生长与生殖生长同步进行，耗水量大，必须及时供水，浇

水宜小水勤浇。

黄瓜喜湿而不耐涝、喜肥而不耐肥，宜选择富含有机质的肥沃土壤。黄瓜一般喜欢 pH 5.5～7.2 之间的土壤，以 pH 为 6.5 最好。

黄瓜对矿质元素的吸收量以钾为最多，氮次之，再次之为钙、磷、镁等。大约每生产 1 000 千克黄瓜需消耗氧化钾 5.6～9.9 千克、纯氮 2.8 千克、五氧化二磷 0.9 千克、氧化钙 3.1 千克、氧化镁 0.7 千克，其各元素吸收量的 80% 以上是在结果以后吸收的，其中 50%～60% 是在收获盛期吸收的。

（2）苦瓜 苦瓜喜温，耐热，不耐寒。种子发芽的适宜温度为 30～33 ℃，20 ℃ 以下发芽缓慢，13 ℃ 以下发芽困难，生长适宜温度为 20～30 ℃。幼苗生长的适宜温度为 20～25 ℃，15 ℃ 以下生长缓慢，10 ℃ 以下生长不良。苦瓜在开花结果期能忍受 30 ℃ 以上的较高温度，开花授粉期的适宜温度为 25 ℃ 左右。在 15～25 ℃ 的范围内温度越高，越有利于苦瓜的生长发育。

苦瓜属短日照植物，温度稍低和短日照有利于雌花的发育。苦瓜喜光不耐阴。苦瓜的花芽分化发生在苗期，苗期的环境条件对其性别表现影响较大。在低温条件下，短日照可使苦瓜植株发育提早，无论是第 1 雌花还是第 1 雄花节位都明显降低，雄花数减少，雌花数增加。因而大棚栽培时，应尽量争取早播，在一定温度下充分利用前期自然的短日照。苦瓜对光照度要求较高，不耐弱光。光照充足，苦瓜枝叶茂盛，颜色翠绿，果大而无畸形果的产生。光照不足的情况下，苦瓜茎叶细小，叶色暗，苗期光照不足会降低苦瓜对低温的抵抗能力。因此大棚栽培苦瓜时，还应注意补充光照，以促进植株的生长和提高产量。

苦瓜喜湿，但不耐积水，整个生长发育期间需水量大，生长期间需 85% 的空气相对湿度。苦瓜连续结果性强，采收时间长，植株蒸腾量大，要时常保持土壤湿润，但不应积水，积水容易导致坏根，叶片黄萎，影响结果，甚至造成植株坏死。土壤水分不足，苦瓜植株生长发育不良，雌花不会开放，严重影响产量。

温室冬春茬黄瓜间作套种苦瓜可采用高后墙短后坡半地下式日光温室。

2. 黄瓜‖苦瓜栽培模式

(1) 黄瓜 9月中旬育苗，10月中旬定植，11月中旬上市（视频3）。采用嫁接苗，宽窄行栽培。宽行80厘米，窄行50厘米，株距30厘米，亩栽黄瓜3 500株左右，翌年4月中下旬拉秧，亩产量7 500千克。

视频3
日光温室黄
瓜套苦瓜

(2) 苦瓜 9月中旬育苗，10月中旬定植，翌年4月中旬上市（视频3）。宽窄行栽培，宽行80厘米，窄行50厘米，株距1.5米，亩栽700株左右。8月拉秧，亩产量4 500千克。

3. 黄瓜‖苦瓜栽培实用技术

(1) 黄瓜栽培实用技术

① 选用良种。黄瓜宜选用津优30、津优32、中农21、博耐、兴科8号等耐低温弱光，高抗病的高产优质品种。

② 适时播种。越冬茬黄瓜从播种至结瓜初盛期约需92天，黄瓜价格较高的时期是在大雪节气前后10天，即12月上旬，所以，一般9月中旬为黄瓜适宜播种期。

③ 培育壮苗。越冬茬黄瓜持续结瓜能力较强，其中，前期产量仅占总产量的40%左右，而经济收益却占总收益的60%以上。所以应注重培育壮苗，促进花芽分化，增加雌花。具体措施如下。

一是育苗设施的选择及准备。选择日光温室或智能温室作为育苗场所，靠近棚边缘1.5米处不做苗床，为作业走道及堆放保温物，中间5米作为苗床。苗床地面可铺设土壤电热加温线，也可在温室内设立加温管道或其他设施。使用32穴塑料穴盘或营养钵作为育苗容器，平底塑料盘作为接穗苗培育容器，其他辅助设施有催芽箱、控温仪、薄膜等。

二是种子处理及催芽。播种前先将种子放入到55~60℃的热水中浸20~30分钟，热水量约是种子量的4~5倍，并不断搅动种子。待水温降到25~30℃时浸泡4~6小时。用来做嫁接砧木用的黑籽南瓜浸泡时间要适当长些，一般6~8小时。待种子吸水充分后，将种子反复搓洗，用清水冲净黏液后晾干，放在25~30℃条件下催芽。催芽过程中，

48

每天用20℃左右温水淘洗，催芽2～3天，待80%种子露白即可播种。

三是育苗基质填装。

基质穴盘育苗：基质一般采用草炭、蛭石、珍珠岩，三者比例为3∶1∶1，每立方米基质拌入氮磷钾三元复合肥1.5千克、50%多菌灵可湿性粉剂250克，调配均匀备用。

营养土配制：配制的苗床营养土，用腐熟的农家有机肥3～4份，与肥沃农田土6～7份混合，再每立方米加入尿素480克、硫酸钾500克、过磷酸钙3千克、70%甲基硫菌灵可湿性粉剂和50%多菌灵可湿性粉剂各150克，拌匀后过筛，配制能促进壮苗和增加雌花的苗床营养土，营养钵育苗。

四是播种及苗床管理。黄瓜播种应选择晴天上午，黑籽南瓜要比黄瓜早播种2天。播种时应做到均匀一致，播前浇足底水。覆土不能太厚也不能太薄，太厚时种子出土困难，太薄种子又容易带帽出土。黄瓜的覆土厚度掌握在1～1.5厘米，黑籽南瓜掌握在2～2.5厘米。

播种后立即用地膜覆盖苗床，增温保墒，为种子萌发创造良好的温湿条件。播种后要保证较高的温度，一般控制在25～30℃之间，出苗后温度可适当降低，以防止幼苗徒长。苗床土壤相对含水量控制在75%左右，保持床面见湿少见干。幼苗出土后到嫁接前间隔4～5天喷洒1次50%甲基硫菌灵可湿性粉剂500倍液。

五是嫁接及嫁接苗的管理。

嫁接适期：在砧木和接穗适期范围内，应抢时嫁接，宁早勿晚。砧木的适宜嫁接状态是子叶完全展开，第1片真叶半展开，即在砧木播种后9～13天。接穗的适宜嫁接状态是接穗黄瓜苗刚现真叶时，即在黄瓜播种后7～8天为嫁接适期。

嫁接方法：目前生产上应用较多的方法为插接，该法接口高，不易接触土壤，省去了去夹、断根等工序，但嫁接后对温、湿度要求高。嫁接时，先切除砧木生长点，然后竹签向下倾斜插入，注意插孔要躲过胚轴的中央空腔，不要插破表皮，竹签暂不拔出。把黄瓜苗起出，在子叶下方8～10毫米处，将下胚轴切成楔形。此时拔出砧木上的竹签，右手捏住接穗两片子叶，插入孔中，使接穗两片子叶与砧木两片子叶平行或呈十字花形嵌合。

嫁接后管理：嫁接后覆盖薄膜保墒增温。嫁接后 1～2 天是愈伤组织形成期，是成活的关键时期。一定要保证棚内湿度达 95％以上，白天温度保持在 25～30 ℃。前两天应全遮光。3～4 天后逐渐增加通风，逐步降低温度。一周后，白天温度保持在 23～24 ℃，夜间 18～20 ℃，只在中午强光时适当遮阳。定植前一周温度降至 13～15 ℃。如果砧木萌发腋芽，要及时抹掉。要调节好光照、温度和湿度，提高成活率。10 天后按一般苗床管理。

　　适龄壮苗的形态特征：日历苗龄 35～45 天，3～4 片真叶，株高 10～15 厘米。茎粗节短，叶厚有光泽，绿色，根系粗壮发达洁白，全株完整无损。

　　④ 定植。黄瓜定植应选择寒尾暖头的天气进行，定植时应有较高的地温。定植采用宽窄行高垄栽培，宽行 80 厘米，窄行 50 厘米，于宽行间挖成 V 形沟。双行定植，在垄面上按株距 30 厘米开穴，穴内浇水，待水渗下后将黄瓜苗定植在穴内。然后覆盖银白色地膜，破膜放苗，并用土封严膜口。

　　⑤ 田间管理。

　　一是结瓜前管理。此期历经 40～50 天，管理主攻方向为防萎蔫，促嫁接伤口愈合和发新根。黄瓜定植后 3 天内不通风散湿，保持地温 22～28 ℃，气温白天 28～32 ℃，夜间 20～24 ℃。空气相对湿度白天 85％～90％，夜间 90％～95％。3 天后若中午前后气温高达 38～40 ℃时，要通风降温至 30 ℃，以后保持温室内白天最高气温不超过 32 ℃，并逐渐推迟关闭通风口和下午盖草帘的时间，夜间气温不高于 18 ℃。缓苗后至结瓜初期，每天 8～10 小时光照，勤擦拭棚膜除尘，保持棚膜良好透光性能，张挂镀铝反光幕，增加光照。温室内气温白天 24～30 ℃，夜间 14～19 ℃。凌晨短时最低气温 10 ℃。在地膜覆盖减轻土壤水分蒸发的条件下，通过适当减少浇水，使土壤相对含水量保持在 70％～80％。寒流和阴雪天气到来之前要严闭温室，夜间在盖草帘后，再整体覆盖塑料膜。及时扫除棚膜上积雪，揭膜后适时揭草帘。白天下小雪时，也应适时揭草帘，争取温室内有弱光照。为了保温，一般不放风，但当温室内空气相对湿度超过 85％时，于中午短时放风排湿。连阴雪天骤然转晴后的第 1 天，一定不要将草帘等不透明覆盖保温物一次全揭开，应"揭花帘，喷温水，防闪秧"，即将草帘隔一床或隔两床多次轮换揭盖。当晴天黄瓜植株出现萎蔫时，要及时盖草帘遮阳并向植株喷洒 $15 \sim 20$ ℃的温水，以防止闪秧死棵。

二是结瓜期管理。越冬茬黄瓜结瓜期为 12 月上中旬至翌年 4 月下旬。

光照管理：（a）适时揭、盖草帘，尽可能延长光照时间。以盖草帘后 4 小时温室内温度不低于 18 ℃和不高于 20 ℃为宜。（b）勤擦拭棚膜除尘，保持棚膜透光性良好。（c）在深冬季节于后墙面张挂镀铝反光幕，增加温室内光照。（d）及时吊蔓降蔓，调蔓顺叶，去衰老叶，改善田间透光条件。（e）遇阴雨阴雪天气时，也应尽可能争取揭草帘采光。

温度管理：深冬（12 月至翌年 1 月）晴天和多云天气，温室内气温凌晨至揭草帘之前保持在 $9 \sim 11$ ℃，揭草帘后至正午前 2 小时 $16 \sim 24$ ℃，中午前后 $28 \sim 32$ ℃，下午 $12 \sim 28$ ℃，上半夜 $17 \sim 20$ ℃，下半夜 $12 \sim 16$ ℃，凌晨短时最低温度 10 ℃。深冬连阴雨雪、寒流天气，温室内气温上午保持在 $12 \sim 18$ ℃，中午前后 $20 \sim 22$ ℃，下午 $18 \sim 20$ ℃，上半夜 $15 \sim 18$ ℃，下半夜 $10 \sim 15$ ℃，凌晨短时最低温度 8 ℃。春季晴天和多云天气，温室内气温白天保持在 $18 \sim 28$ ℃，中午前后 $30 \sim 34$ ℃，下午 $24 \sim 28$ ℃，上半夜 $18 \sim 22$ ℃，下半夜 $14 \sim 17$ ℃，凌晨短时最低温度 11 ℃。

水肥供应：掌握"前轻、中重、三看、五浇五不浇"的水肥供应原则。所谓前轻、中重，是黄瓜第 1 次采收后浇水，浇水间隔 $12 \sim 15$ 天，隔 1 次浇水冲施 1 次肥，每次每亩冲施尿素和磷酸二氢钾各 $5 \sim 6$ 千克。进入结瓜盛期，$8 \sim 10$ 天浇 1 次水，每次每亩随水冲施高钾高氮复合肥 $8 \sim 10$ 千克，并喷施叶面肥，可选用氨基酸液肥 500 倍液，均匀喷洒。还可于晴天 9 时至 11 时追施二氧化碳气肥。所谓三看、五浇五不浇，是通过看天气预报、看土壤墒情、看黄瓜植株长势来确定浇水的具体时间。做到晴天浇水，阴天不浇；晴天上午浇水，下午不浇；浇温水，不浇冷水；地膜下沟里浇暗水，不浇地表明水；小水缓浇，不大水漫浇。

（2）苦瓜栽培实用技术

① 品种选择。苦瓜选用苗期耐低温弱光，结果期耐高温高湿，高抗炭疽病和细菌性角斑病等多种病害的中早熟和早中熟高产优质品种。要求果色油绿，果肉较厚，瓜条顺直，瓜长 25～30 厘米，适于夏秋季装箱贮运。

② 适时播种。苦瓜和黄瓜同时期 9 月中旬播种。

③ 培育壮苗。营养土配制、种子处理及苗期管理参照黄瓜种子。苦瓜苗长到 4～5 片叶时，即可移栽定植，苗期约 35 天。

④ 定植。在黄瓜植株南北向行间隔 1.5 米开穴，浇水定植苦瓜。

⑤ 田间管理。苦瓜的结瓜盛期为 5 月上旬至 9 月上旬，长达 4 个月。4 月下旬至 5 月上旬及时将黄瓜拉秧倒茬，随即清洁田园，揭除地膜，深中耕培土。

整枝架蔓：将原来吊架黄瓜的顺行铁丝和吊绳都保留，并于吊绳中部再架设一道顺行铁丝，形成一垄双行壁式架。温室苦瓜整枝多采用两种方法：一种是当主蔓长 1 米时摘心，促使侧蔓发生，选留基部粗壮的侧蔓 2～3 条，当侧蔓及各级孙蔓着生雌花后摘心，以增加前期产量；另一种是保留主蔓，将基部 33 厘米以下侧蔓摘除，促使主蔓和上部子蔓结瓜。及时引新蔓，防止越架攀缘，并及时摘去多余的卷须和叶龄 45 天以上的老叶，抹去多余的腋芽，去除已衰败的枝蔓，合理调整新蔓的分布。

人工授粉和蚂蚁传粉：于 9 时后摘取当日开放的雄花进行人工授粉，1 朵雄花能授 3～4 朵雌花。蚂蚁是苦瓜的主要传粉媒介，应尽可能保护温室内蚂蚁，以提高坐果率。尽可能采用黄板诱杀等物理措施防治虫害。

肥水供应和环境调控：自 5 月上旬进入结瓜盛期后，每隔 10 天左右浇 1 次水，浇水前每亩埋施生物菌肥 20～25 千克，或随水冲施高钾复合肥 10～12 千克。同时要做好光照、温度、空气、湿度调控，在改善光照条件的同时，做到通风降温、排湿。尤其要加大夜间通风量，使伏季温室内白天气温不高于 35 ℃，夜间不高于 27 ℃，昼夜温差不小于 8 ℃。土壤相对含水量保持在 80％～85％。

（二）日光温室樱桃番茄—韭菜栽培

1. 樱桃番茄、韭菜对环境条件的要求

（1）樱桃番茄 樱桃番茄比一般番茄耐热。种子发芽的适宜温度为 28～30 ℃，最低发芽温度为 12 ℃左右。幼苗期白天适宜温度为 20～25 ℃，夜间适宜温度为 10～15 ℃。开花期对温度反应比较敏感，尤其在开花前 5～9 天、开花当天及开花后 2～3 天时间内要求更为严格。白天适宜温度为 20～30 ℃，夜间适宜温度为 15～20 ℃，温度过低（15 ℃以下），或过高（35 ℃以上），都不利于花器官的正常发育及开花。结果期白天适宜温度为 25～28 ℃，夜间适宜温度为 16～20 ℃。

樱桃番茄是喜光作物，因此在栽培中必须保证良好的光照条件才能维持其正常的生长发育。在由营养生长转向生殖生长的过程中，基本要求短日照，多数品种在 11～13 小时日照下开花较早，在 16 小时光照条件下生长最好。

樱桃番茄对水分的要求具有半旱的特点。适宜的空气相对湿度为 45%～50%，幼苗期生长较快，为避免徒长和发生病害，应适当控制浇水。第 1 花序着果前，土壤水分过多易引起植株徒长，根系发育不良造成落花。第 1 花序果实膨大生长后，枝叶迅速生长，需要增加水分供应。尤其在盛果期需要大量的水分供给。

樱桃番茄对土壤的要求不太严格，但以土层深厚、肥沃、通气性好、排水方便而又有相当的水分保持力、pH 为 5.6～6.7 的沙质壤土或黏质土最好。

（2）韭菜 韭菜属耐寒性蔬菜，对温度的适应范围较广，不耐高温。韭菜的发芽最低温度是 2 ℃，发芽适宜温度是 15～20 ℃，生长适温是 18～24 ℃。露地条件下，气温超过 24 ℃时，生长缓慢，超过 35 ℃叶片易枯萎腐烂，高温、强光、干旱条件下，叶片纤维素增多，质地粗硬，品质低劣，甚至不堪食用。保护地栽培，高温、高湿、弱光照的条件下韭菜叶片的纤维素无明显增加，品质无明显下降。

韭菜为耐阴蔬菜，较耐弱光，属长日照植物。适宜的光照度下，

光照时间长可使叶色浓绿、叶片肥壮、长势强、净光合速率高、贮藏营养多、产量高、品质好。

韭菜喜温、怕涝、耐旱,适宜80%～95%的土壤湿度和60%～70%的空气相对湿度。韭菜的发芽期、出苗期、幼苗期非常怕旱,必须保持土壤潮湿,若缺水,则发芽率低,幼苗极易旱死。若浇水失控,则茎叶增高,幼嫩多汁,但极易倒伏、腐烂。

韭菜对土壤类型的适应性较广,在耕层深厚,土壤肥沃,保水、保肥力强的优质土和偏黏质土中,生长最好。韭菜成株耐肥力很强,耐有机肥的能力尤其强。韭菜以吸收氮肥为主,以吸收磷、钾及其他微量元素肥料为辅,韭菜移栽时宜重施基肥,否则底肥不充足,栽后难以补充,基肥以土杂肥和有机肥为好。施化肥时,氮、磷、钾肥要配合施用,同时酌情施入锌、铁、硼等微量元素肥料。

樱桃番茄—韭菜种植模式温室可采用高后墙短后坡半地下式日光温室。

2. 樱桃番茄—韭菜栽培模式

（1）樱桃番茄 选用红宝石、红珍珠、圣女等耐低温、抗病性强、商品性好的品种。10月上旬育苗,12月下旬定植,翌年2月下旬上市。采用宽窄行种植,宽行80厘米,窄行50厘米,株距35～40厘米,亩栽2 500～3 000株。

（2）韭菜 选用高产、优质、抗逆性强、冬季不经休眠可连续生长的嘉兴雪韭、河南791、韭宝、平韭2号等优良品种。翌年3月中旬育苗,6—7月移栽,当韭菜长到15～20厘米时便可收割。一般情况下收割3～4茬。每次收割时,应留茬高度适当,头刀以距鳞茎4～5厘米处下刀为宜,亩产量5 500千克以上。

3. 樱桃番茄—韭菜栽培实用技术

（1）樱桃番茄栽培实用技术

① 育苗。优质壮苗是丰产的基础。樱桃番茄的壮苗标准是茎粗壮直立,节间短,有7～9片大叶,叶色深绿,叶片肥厚,叶背微紫,根系发达,株高20～25厘米,茎粗0.6厘米左右,整个植株呈伞形。定植前现小花蕾,无病虫害。

冬春茬栽培,苗期在寒冷的冬季,气温低、光照弱、日照短,不利于幼苗生长。因此，在育苗过程中，要注意防寒保温，多争取光照，使苗健壮发育（视频4）。

一是播期及苗龄。冬春茬樱桃番茄多在温室内育苗，日历苗龄70天左右，如采用地热线加温温床育苗，苗龄可缩短到50天左右。播种期由苗龄、定植期和上市期决定。播种期一般安排在10月上旬。

二是播种前的准备工作。

备种：每亩需种子40～50克，提前备好。

床土配制：根据自身条件播种床土可采用下述几个配方。（a）园田土2/3＋腐熟马粪1/3（按体积比）。（b）园田土1/3＋过筛细炉渣1/3＋腐熟马粪1/3（园田土比较黏重时使用，按体积比）。（c）草炭6/10＋园田土3/10＋腐熟鸡粪1/10（按体积比）。（d）碳化稻壳1/3＋园田土1/3＋腐熟圈粪1/3（按体积比）。营养土配制好后可装进营养钵，紧密排列于苗床中，进行护根育苗。

分苗床土的配比为肥沃园田土6份，腐熟有机肥4份。床土的用量要求是，播种床土厚度为8～10厘米，每平方米苗床约需土100千克；分苗床土厚度为10～12厘米，每平方米苗床约需土140千克。一般栽培1亩需用播种床5米^2，分苗床50米^2。与此同时，必须进行床土消毒，用40%甲醛水剂300～500倍液喷洒床土，翻一层喷一层，然后用塑料薄膜覆盖，密封5～7天，揭开晾2～3天气味散尽后即可使用。

三是种子消毒与浸种催芽。

种子消毒：消灭种子内外携带的病原菌，减少发病的传染源。通常采用温汤浸种。其方法是先将种子在凉水中浸泡20～30分钟，捞出后放在50～55℃热水中不断搅拌，随时补充热水，使水温保持在50℃左右，浸种20～30分钟，待降至室温后，再浸种4～5小时，捞出用布包好，催芽。

催芽：种子发芽适温为20～28℃。用湿润的毛巾或纱布包好，放到发芽箱、恒温箱或火炕附近，在25～30℃下催芽。在催芽过程中，每天用温清水冲洗种子1～2次，当大部分种子露白时，即可播种。

四是播种。樱桃番茄种子催芽后，晾干种子外面的水分，在播种床中浇足底水。待水渗后，在床上再撒一薄层细床土，将种子均匀地撒在床面上，然后盖过筛的细土厚1厘米左右。

五是苗期管理。

温度管理：见表3-1。

表3-1　樱桃番茄苗期的温度管理

生长期	白天苗床温度（℃）	夜间苗床温度（℃）	地温（℃）
播种至齐苗（3～4天）	28～30	24～25	20
齐苗至移苗前	20～25	15～18	12～20
移苗至缓苗前	25～28	20	20
缓苗至定植前1周	20～25	13～15	18～20
定植前1周	15～18	8～10	15

水分管理：整个育苗期要严格控制浇水，不浇大水，空气相对湿度不超过70%。

分苗：在1～2片真叶时适当间苗，在2～3片真叶时分苗。分苗密度为10厘米×10厘米或8厘米×10厘米，也可直接分到营养钵内。分苗时浇透水，以后视土壤墒情再浇水。

切方与囤苗：除采用营养钵育苗外，在营养方上育苗的，定植前5～7天浇透水，按分苗时的株、行距切方块，并围土囤苗。

② 定植。

一是定植前准备。定植前15～20天扣膜，提高地温。每亩施入充分腐熟的有机肥5 000千克以上，过磷酸钙50千克，磷酸二铵40千克，深翻后做成宽窄行，宽行80厘米，窄行50厘米，地膜覆盖。准备好后于定植前3～4天进行温室消毒，其方法是用硫黄粉、敌敌畏、百菌清和锯末，按（0.5～1）∶1∶0.25∶5的比例混合，点燃熏烟，密闭48小时后，通风24小时即可。

二是定植期。棚内10厘米深土层地温稳定在8℃以上，即可定植，日光温室冬春茬宜选在12月下旬定植。

三是定植方法。破膜点水定植，垄两边栽植两行，株距35～40

厘米。由于搭架栽培，种植密度宁稀勿密。有限生长类型株距25～30厘米，每亩保苗3 000～3 500株。无限生长类型，每亩保苗2 500～3 000株。

③ 定植后管理。

一是温、湿度管理。定植初期，为促进缓苗，不放风，保持高温环境，白天25～30 ℃，夜间15～17 ℃。缓苗后，开始放风调节温、湿度，白天20～25 ℃，夜间15～17 ℃，空气相对湿度不超过60%。每次浇水后，应及时放风排湿，防止因湿度过高发生病害。

二是水肥管理。缓苗后，点水定植的要补浇1次小水，然后开始蹲苗。当第1、第2花穗开花坐果后，结束蹲苗，浇1次小水，同时追施腐熟人粪尿1 000千克。1周后再浇1次水，以后视土壤墒情、天气和苗情及时浇水，保持土壤见干见湿，并隔1～2次浇水追施1次尿素，每亩10～15千克。

三是植株调整。单干整枝，及时去除分杈。用尼龙绳吊蔓，由于采收期长，尼龙绳一定要牢固，不易老化。根据栽培要求，每8～10穗果摘心，或随时落秧盘条，使其无限生长。及时疏除底部老叶，坚持疏花疏果。一般品种（圣女）每穗留果不超过25个，也有的品种每穗留果10～15个，及时掐去果穗前的小花。

四是激素保花。用15毫克/千克浓度的2，4-D蘸花或40毫克/千克浓度的防落素喷花，是防止花前落花的有效方法。但一定要注意不重复蘸花，且随温度升高逐渐减小浓度，整个生长期均进行激素处理，否则易形成空穗或小果。

④ 采收。樱桃番茄采收费工，一般不需人工催熟，根据需要随时采摘不同熟期的果实。

(2) 韭菜栽培实用技术

① 直播养根。早春土壤化冻以后，一般于3月中旬至4月上旬播种。每亩撒施腐熟有机肥5 000～8 000千克，深翻耙细耙平，做1.2～1.6米宽的畦，然后在畦内按35厘米行距开沟，沟深10厘米，将种子均匀地撒在沟内，覆土（田土加50%有机肥）1.5厘米厚并稍加镇压，随即顺沟灌水。畦面用旧薄膜或地膜覆盖起来，以保持水分和提高地温，有利于出苗。出苗后撒掉薄膜，保持土壤见干见湿，发

现杂草及时拔除。每次灌水或降雨后，待表土稍干时，中耕松土，到伏雨季节要注意排水防涝。直播养根的韭菜，若发现幼苗密度大，可以及早结合灌透水间苗。

②移栽定植。移栽应在6—7月进行完毕，这样有利于早缓苗早壮根。整地施足有机肥，每亩施5 000千克有机肥作底肥，按行距30～35厘米，株距根据不同的密度要求来开穴，一般露地生产亩栽苗10万株，保护地生产密度可增至每亩20万～30万株，以高密度来获得高产。栽完苗灌大水，过几天表土见干时，应及时中耕2～3次，蹲苗保墒。雨水多时要注意防涝排水。及时清除田间杂草。

秋冬连续生产韭菜养根技术措施与休眠后扣膜韭菜生产的最大区别是粪大水勤，促其迅速生长，多积累养分，培养粗壮的根株。夏秋之际不收割。立秋前适当控制水肥控制长势，防止倒伏腐烂，立秋后天气变凉，要加强肥水管理，促进韭菜快速生长，一般追肥2～3次，5～7天浇一水，结合浇水每亩追施磷酸二铵50千克或饼肥200千克。扣膜前达到收割标准即可收割出售，一般扣膜前7天左右收割，但是要尽量浅割，割后还要及时追肥，叶片萌发转绿时再浇水，并及时松土培垄。

③适期扣膜。秋冬连续生产韭菜，适期扣膜非常重要。过早扣膜，生长迅速，产量高，易早衰，经济效益低，扣膜晚一旦韭菜转入被动休眠，则扣膜后生长缓慢。扣棚的适期是在当地初霜后最低气温降至-5℃以前，一般在10月中下旬至11月上旬。

④扣膜后的管理及收获。秋冬连续生产韭菜扣膜时气温较高，初扣上膜时一定不要扣严，应揭开棚室底脚围裙昼夜放风，避免徒长。随着外温下降，逐渐缩小放风口和放风时间，直至扣严固定好膜。白天控制适温为18～28℃，夜间8～12℃。天气逐渐变冷，夜间要加盖纸被草苫。当韭菜长到15～20厘米时便可收割，收割后刨松垄沟，耙平地面，提高室温，叶片变绿后放风降温，保持适温，促进生长，株高1厘米左右时再每亩追施硫酸铵40～50千克，培垄灌水。因室内经常浇水，湿度较大，应注意防治灰霉病，可在每次浇水后用10%腐霉利烟剂熏棚预防。发病初期用药剂防治。

秋冬连续生产韭菜，收割期为10—12月，收完刨除韭根进行果菜类生产。每次收割时，应留茬高度适当，因为假茎留得高，有利于下一茬的生长。一般头刀在距鳞茎4～5厘米处下刀，以后每刀抬高1厘米。留茬过低，影响下茬的长势和产量；留茬过高，降低当茬的产量。最后一次收割，因割完刨除韭根，可尽量深割。

（三）日光温室越冬茬辣椒栽培

1. **辣椒对环境条件的要求**　辣椒在15～34℃的温度范围内都能生长，适宜温度是白天23～28℃，夜间18～23℃。白天27℃对同化作用最为有利。种子发芽适温25～30℃。苗期要求较高的温度，以白天25～30℃，夜间15～18℃为宜，幼苗不耐低温。开花结果初期适温是20～25℃，夜间15～20℃，低于10℃不能开花。辣椒怕热，气温超过35℃容易落花落果，如果湿度过大，会造成茎叶徒长。温度降到0℃时就要受冻。根系生长的适温是23～28℃。

辣椒对光照的要求因生育期不同而异。种子发芽期间要求黑暗避光，育苗期要求较强的光照，生育期要求中等光照度，比番茄、茄子都要低。

辣椒对水分要求严格，既不耐旱也不耐涝，喜欢较干爽的空气条件。辣椒单株需水量并不多，由于其根系不太发达且吸水能力较弱，因而其耐旱性不如茄子、番茄。特别是大果型品种，对水分的要求更为严格。辣椒水淹数小时后植株就会出现萎蔫，严重时死亡。土壤相对含水量80%左右，空气相对湿度70%～80%时，对辣椒的生长有利。所以，栽培辣椒时，土地要平整，浇水和排水都要方便，通风排湿条件一定要好。

越冬茬辣椒生产上采用冬暖半地下式厚土墙日光温室。

2. **越冬茬辣椒栽培模式**　8月上旬育苗，9月上旬定植，12月中旬至翌年6月中下旬收获上市。宽行80厘米，窄行50厘米，穴距45厘米，每亩栽苗2 000～2 200株。每株可结果5～10千克，亩产达10吨左右。

另外，利用6月下旬至8月上旬的温室空闲季节，可加种一茬抗热夏白菜或夏丝瓜等。

3. 越冬茬辣椒栽培实用技术

（1）品种选择 越冬茬辣椒选用耐低温弱光、产量高、耐贮运、商品性好、抗病力强的品种（视频5）。如日本长川等高产优质辣椒品种。

（2）育苗

一是营养土及苗床育苗。

视频5
日光温室越冬
一大茬辣椒
栽培要点

营养土及苗床准备：营养土配制按4份充分腐熟有机肥料加6份无病园土配制，另外在每立方米肥土中可加入磷酸二铵2～3千克，草木灰7～10千克，90％晶体敌百虫80克，50％多菌灵可湿性粉剂100克，充分混合。苗床土要求传染性病原菌、害虫含量少，富含腐殖质及可供给态的矿质元素，中性或微酸性，有高度持水性和良好透气性，干燥时土壤不板结。然后用旧塑料膜盖严，堆放3～5天后，揭开待气味散尽后过筛装营养钵，整齐紧密地排列于苗床内。

浸种催芽：浸种时先将种子用100克/千克浓度的磷酸三钠溶液消毒20分钟，再用清水淘洗干净后，将种子倒入55℃热水中搅动，待水温降至30℃时浸泡8～12小时，浸种结束后，将种子淘洗干净，用湿布包好，放于25～30℃的环境中催芽，每天淘洗1次，经4～5天即可发芽。

播种：越冬茬辣椒在8月上旬播种。由于此时正处于高温季节，因此育苗地需遮阳。播种前苗床浇足底水，待水下渗后将已催芽种子均匀撒播于营养钵内，上覆厚1.0～1.5厘米的营养土，并覆盖地膜保墒。幼苗出土后，及时揭掉地膜，以免烫伤辣椒苗。

苗期管理：（a）温度管理。播种后土温保持在28～30℃。当幼苗拱土时降到27～28℃，夜间土壤最低温度保持在18～20℃，以促进出苗。幼苗出土后白天的最高温度应维持在25～28℃，以增加子叶的叶面积。夜间可由20℃逐步下降到15～17℃（即缓降3～5℃）。土壤温度仍要保持在20℃左右。苗床中午前后光照强时要用遮阳网覆盖降温。（b）湿度管理。辣椒苗不耐旱也不耐涝，湿度过大则苗生长旺盛，育苗期缩短；土壤干旱，则苗生长慢，叶柄中央弯曲下垂。低温期一般中午补小水，高温期多在早晚浇水（用喷壶洒水）。（c）其他管理。增强光照，适当间苗，洁膜，多揭帘。多通风降湿防病。"戴帽"苗傍晚喷水或人工脱帽。高温期注意防治蚜虫等害虫。（d）炼苗。定植前一周控水、降温，增强秧苗抗逆性。（e）壮苗标准。一般苗龄 45～50 天，茎高 18～25 厘米，有完好子叶和真叶 9～14 片，平均节间长 1.5 厘米，叶色浓绿，叶片大且厚，叶形阔椭圆形，现小花蕾，根系洁白等。

二是集约化穴盘育苗。

设施消毒：（a）温室消毒。每亩温室用 1.65 千克 40％甲醛水剂加入 8.4 千克开水中，再加入 1.65 千克高锰酸钾，产生烟雾反应。封闭 48 小时消毒，待气味散尽后即可使用。（b）穴盘消毒。用 40％甲醛水剂 100 倍液浸泡苗盘 15～20 分钟，然后覆盖塑料薄膜，密闭 7 天后揭开，清水冲洗干净，或用 0.1％浓度的高锰酸钾溶液浸泡苗盘 10 分钟。

基质配制与装盘：选用优质草炭、蛭石、珍珠岩为基质材料，三者按体积比 3∶1∶1（或 7∶2∶1）配制，然后每立方米加入 1 千克复合肥、0.2 千克 50％多菌灵可湿性粉剂，加水使基质的含水量达 50％～60％。穴盘使用 540 毫米×280 毫米×60 毫米（长×宽×高）105 孔穴盘。将备好的基质装入穴盘中，稍加镇压，抹平即可。

（3）定植

整地施肥：前茬作物最好在 6 月底至 7 月上旬收完，清除残枝落叶，深翻，使土壤充分暴晒熟化，每隔 15～20 天翻一次，定植前 10 天每亩施充分腐熟的农家肥 10 000 千克、磷酸二铵 30 千克、过磷酸钙 100 千克、硫酸钾复合肥 20 千克，深翻细耙。

起垄铺膜：南北向起垄，宽窄行定植，垄宽 80 厘米，沟宽 50 厘米，垄中央开深、宽各 15 厘米的浇水沟，垄高 15 厘米。做好垄后，用 5％菌毒清水剂 100～150 倍液喷温室内各表面一遍，密闭温室烤棚，达到升高地温、杀菌灭虫、熟化土壤的作用。

定植：一般每亩保苗 2 000～2 200 株，定植应选晴天下午进行，可避免定植后失水萎蔫。每垄双行定植，用 10 厘米×10 厘米的移苗器按 45 厘米株距打穴、浇水，待穴内水下渗一半后，将带土坨苗放入穴内，保持坨面与垄面相平，每穴使用药土 50 克（50％多菌灵可湿性粉剂 1.5 千克拌细土 600 千克），然后用土封严。

（4）田间管理

温度及通风管理：定植后随着外界气温的降低，管理上注意防寒保温，白天温度控制在 25～28 ℃，夜间 18～20 ℃。白天温度超过30 ℃要及时通风换气，夜间温度要保持在 14 ℃以上。进入冬季，尤其在 12 月至翌年 1 月正处于辣椒开花结果期，若温度过低易引起落花落果，即使植株结果，也会由于温度太低，导致发育速度较慢，这段时间是日光温室越冬茬辣椒生产的关键时期，　定要注意保温。冬季阴天适当晚揭早盖少通风。下雪时及时清扫积雪，中午适当揭帘见光，也可在草帘外盖一层塑料膜，提高保温能力，防雨雪打湿草帘。久阴、雪天后突然放晴，要揭花苫，交替回苫喷水。开春后随气温升高，应加大通风量和放底风，夜间逐渐减少草帘，当外界最低气温稳定在 15 ℃时揭开前底脚昼夜通风。

光照管理：应早揭帘、晚盖帘，尽量延长光照时间。阴雪天揭帘争取散射光照。及时清洁膜面，增加透光率。

水肥管理：定植 3 天后浇透缓苗水，以后只浇暗灌沟，门椒坐果前一般不需浇水，当门椒长到 3 厘米左右时结合浇水进行第 1 次追肥，每亩施尿素 10 千克，或磷酸二铵 20 千克，或腐熟沼液 2 000 千克，要适当增施鸡粪等有机肥，减少化肥施用量，提高产品的质量。鸡粪应充分腐熟并在施前一周进入发酵池，灌水时随水冲施。灌水应遵循浅灌、勤灌、早上灌的原则，并随温度变化来确定灌水间隔期。浇水应在晴天上午进行，低温期采用膜下暗灌，浇水量要少，浇水后及时通风降湿，高温期可明水暗水结合进行。辣椒不宜大水漫灌，一般要求小水勤浇，维持土壤湿润，即浇水要见干见湿，切忌大水漫灌造成湿度过大或怕发病而不灌水造成落花、形成僵果。

植株调整：（a）牵绳。首先在垄两侧植株的上方拉两道南北向的铁丝。再用粗而韧的吊绳，上端绑于铁丝，下端绑于主枝上。（b）整枝。双杈整枝法：主茎上第 1 次分杈下的侧枝要全部去掉，2 个一级分枝分出的 4 个二级分枝全部保留，以后再发出的侧枝只选留一条粗壮的作结果枝，其余侧枝全部剪除。结果中后期，及时去除下部老病叶、无效枝、徒长枝，改善通风透光条件。（c）合理使用生长调节剂。一是用2.5%的对氯苯氧乙酸1毫升加清水1.25千克，也可用1%防落素水剂330~500倍液，在下午闭棚之前用手持小喷雾器，将稀释好的药液对花和幼果一起喷洒，5~7天喷一次，保花保果，提高坐果率（注意不要喷到植株生长点）。二是在整个结果期应注重叶面肥和其他微肥的施用，以提高产量，改善品质。

(5) 采收 一般门椒适当早摘，以防坠秧。其他层次上的果实宜在商品成熟后尽快采收，以促进营养向其他果实运输。中后期出现的僵果、畸形果、红果要及时采收。采收时防止折断枝条，以保持较高的群体丰产特性。

（四）日光温室冬春茬茄子—夏白菜—秋黄瓜栽培

1. 茄子对环境条件的要求 茄子是喜温蔬菜，比较耐热而不耐寒，适宜生长的温度为20~30℃。结果期要求25~30℃，低于17℃或超过35℃生育迟缓，授粉不良，低于10℃生长停滞，代谢失调，5℃以下即受冻。

茄子对日照长短反应不敏感，只要在温度适宜的条件下，无论什么季节都能开花结果。但茄子对光照度要求较高，如果光照不足，植株生长就不良，光合作用减弱，产量下降，而且色素不易形成。

茄子虽然根系发达，但由于分枝多、叶面积大、蒸腾作用强、需水量大、不耐旱，尤其在开花结果期不能缺水，所以应保持土壤湿度在80%左右。茄子喜水但又怕涝，如果地下水位高，排水不良容易烂根。雨水多，空气相对湿度大，会造成授粉困难，落花落果严重，所以春夏秋季要注意排水。

茄子对土壤要求不严，但以富含有机质、疏松、排水良好的壤土为宜，pH 6.8~7.3为宜。茄子比较耐肥，又以嫩果为产品，所以对氮肥要求较高，钾肥次之，磷肥较少。此外茄子容易出现缺镁症，缺镁时会妨碍叶绿素的形成，叶脉周围变黄，所以应适时适量补充镁肥。施肥时可将有机肥、化肥搭配施用，以满足植株生长对各种营养元素的需要。

2. 茄子—夏白菜—秋黄瓜栽培模式

(1) 茄子 冬春茬茄子10月初播种育苗，12月定植，翌年2月中旬上市，6 月底收获结束，亩产 4 000 千克左右。

（2）夏白菜 夏白菜 6 月底至 7 月初播种，8 月中旬采收上市，8 月底收获完毕，亩产 2 500 千克左右。

（3）秋黄瓜 秋黄瓜 7 月下旬至 8 月初育苗，8 月底移栽定植，10 月中旬采收上市，元旦之前收获结束，亩产 3 500 千克左右。

此种植模式中蔬菜上市时间正值蔬菜供应淡季，以及中秋、元旦等节日，因此市场价格较高，能取得较好的收益。

3. 茄子—夏白菜—秋黄瓜栽培实用技术

（1）冬春茬茄子栽培实用技术

① 品种选择。选用早熟、耐寒性强、结果期既耐低温又耐高温、高湿、高产、抗病能力较强的品种。果形和果色应与当地或消费地习惯一致。圆茄品种有天津快圆、北京六叶茄、北京七叶茄、豫茄 2 号等。卵圆形茄子品种有鲁茄 1 号、西安早茄、荷兰瑞马、辽茄 2 号、紫奇等。长茄品种有黑亮早茄 1 号、湘茄 3 号、紫红茄 1 号、新茄 4 号等。

② 育苗。实行营养钵育苗，在 9 月下旬至 10 月上旬开始育苗，培育出植株高 20 厘米左右，真叶 6～8 片，门茄现蕾，根系发达的壮苗。12 月中旬定植，翌年 2 月上中旬开始采收。

种子处理：先晒种 3～4 天，后用 1‰浓度的高锰酸钾溶液浸种 10～20 分钟，再用 50～55 ℃温水浸 15～20 分钟，水温降至 25～30 ℃，浸泡 6～8 小时后，捞出洗净，在 28～30 ℃下进行变温催芽，20 ℃经 16 小时，30 ℃经 8 小时，3～4 天后，种子破口稍露白尖时即可播种。

播种：播种前苗床灌水不宜过大，以浸透 10～12 厘米厚土层为宜，每钵点播 1 粒种子，最后覆土 0.4～0.8 厘米厚，随即扎小拱棚保护，每亩用种量为 20～25 克，温度白天维持在 25～30 ℃，夜间 17～20 ℃。

苗期管理：在苗长出 4 片真叶前一般不需要灌水和追肥，长出 4 片真叶后，要适当洒水。从出苗后至定植前 7 天，温度白天维持在 22～28 ℃，夜间 16～20 ℃，在定植前 7 天内，要适当降低温度，白天 20～25 ℃，夜间 15～18 ℃。

③ 定植。定植前 5～6 天对苗床喷洒防病药剂，可用 75％百菌清可湿性粉剂 600 倍液或 1.8％阿维菌素乳油 2 500～3 000 倍液。

定植准备：棚内要清理干净，每亩施充分腐熟的基肥 10 米³ 左右，过磷酸钙 40～50 千克。定植前 5～10 天，高温闷棚 3～4 天。

定植密度：按宽行 80 厘米、窄行 50 厘米、株距 30～35 厘米定值，每亩定植 3 000～3 500 株，定植时浇底水，覆盖地膜。

定植方法：选择晴天上午进行。按一定的株距先在覆膜的垄上打穴，在穴内浇温水，而后坐水栽入苗坨。覆土后土坨在地面下 1 厘米左右为宜，浅了不好，深了也不利于发根。为了创造更有利于茄子早长、早发的条件，定植后要扣小拱棚。

④ 定植后管理。

定植后至始花着果期的管理：重点是防寒保温，缓苗期一般不浇水，温度白天维持在 30～32 ℃，夜间 15～20 ℃，定植后要结合培土加强中耕。从门茄花开放至门茄果商品成熟需 23～27 天，这一时期温度维持在白天 21～23 ℃，夜间 15～20 ℃以促进茎枝、叶片生长壮旺，蕾花发达，壮旺而不徒长。在门茄坐住前，一般不浇水；门茄坐住后，果实有核桃大时应浇一次水，并结合浇水亩施尿素 20～30 千克。茄子开花后用 2,4-D 处理花，提高坐果率，用 50 毫克 2,4-D 兑水 1.5～2 千克，加入少量广告色做标记。门茄坐住后要及时整枝打杈。

结果期的管理：外界气温逐渐升高，茄子进入盛果期，此时要加强通风，防止高温、高湿伤害，水肥管理也要同时加强。进入盛果期一般 7～10 天浇一次水，同时冲施化肥，每亩用磷酸二铵 20～25 千克，或硝酸铵 20 千克加过磷酸钙 30 千克。当地日平均气温稳定在 15 ℃后，温室可昼夜通风时，可结合浇水冲入 1 次粪稀，每亩用 1 500 千克，同时开始喷天然芸薹素等，对防止植株早衰、延长结果期大有好处。冬春茄子栽培密度大，应进行整枝打杈，整枝可以使茄子提早上市，大幅度地增加前期产量。双干整枝植株养分集中，果实发育好，商品率高，即使在大肥大水管理之下也不会出现茎叶疯长的现象，是目前日光温室栽培的主要整枝方法。其方法是门茄出现后，主茎和侧枝都留下结果。对茄出现后，在其上各选 1 个位置适宜、生长健壮的枝条继续结果，其余侧枝和萌蘖随时掰掉，以后都是这样做，即一层只结 2 个果，如此形成 1、2、2、2、2……的结果格局。一般 1 株可结 9 个、11 个或 13 个果。在最后 1 个果的上面留 2～3 片叶摘心。

⑤ 适时采收。门茄应早收，萼片与果实相连处的白色或淡绿色环带不明显或正在消失时，为采收适期。

（2）夏白菜栽培实用技术 夏白菜于夏、秋之间上市，此时正值蔬菜供应淡季，效益颇高。因为夏白菜发芽期、幼苗期处于炎热的夏季，此期高温多雨，日照长，病虫害发生严重，所以在种植夏白菜时，一定要选准品种，采取适当的管理措施，才能取得较好的效益。

① 品种选择。要选择生长期短、结球紧实、品质良好、抗热、抗病的品种。6 月上旬至 7 月上旬之间播种的可选用豫园 50、夏优 1号、夏优王等品种。

② 整地施肥。夏白菜生长旺盛，对水肥需求量大但不耐涝，生产上应采取重施基肥、高垄种植的栽培方式。一般每亩施腐熟有机肥 3 000～4 000 千克、磷酸二铵 40～50 千克。施肥后精细整地，做成高垄，垄高 15～20 厘米、垄距 50 厘米。

③ 播种。夏白菜播种分条播和穴播两种，条播每亩用种量为 150～200 克，穴播每亩用种量为 100～150 克。播种密度要求行距 50厘米、株距 43～45 厘米，每亩栽 3 000 株左右。同时，要在温室前屋面的中下部通风处围上防虫网。播种时，土壤墒情差的一定要先浇足底墒水再播种。

④ 田间管理。夏白菜生育期短，生产上宜采用一促到底的管理方式。幼苗期要及时间苗、定苗、补苗，及时浇水、松土，天气干旱无雨的情况下每隔 2～3 天浇一次小水，遇雨天田间有积水时要及时排出，防止秧苗受涝感病。莲座期以促为主，促控结合，在白菜不旺长的情况下加强肥水管理。结球期以追肥为主，结合浇水追施腐熟人粪尿或磷酸二铵 2～3 次。一般每亩施腐熟人粪尿 2 000～3 000 千克或磷酸二铵 20～30 千克。

⑤ 及时采收上市。夏白菜长至 7～8 成熟时即可采收，具体采收时间还需根据市场情况和下茬蔬菜种植时间而定，争取在大白菜价格

较高时采收上市，以便取得较大的经济效益。

(3) 秋黄瓜栽培实用技术　秋延迟栽培的黄瓜，生长前期高温多雨，后期低温寒冷，因此，应选择苗期较耐热、生长势强、抗病、高产的黄瓜品种，如津研 4 号、秋棚 1 号、鲁秋 1 号和津杂 2 号等。一般于 7 月下旬至 8 月上旬播种，育苗应在覆盖遮阳网或草帘的棚内进行，以免高温强光和暴晒对出苗造成影响。播后待长出 3～4 片真叶时移植，注意抑制幼苗徒长。黄瓜喜欢有机肥，要大量施用腐熟的鸡粪和牛粪，每亩 4 000～5 000 千克，与 400～480 千克生物有机肥和 30 千克硫酸钾复合肥混合作基肥。定植以行距 50～60 厘米，株距 30 厘米为宜。出苗后要保持畦面见干见湿，若畦面偏干，应在早晨和傍晚浇水。

秋黄瓜生育前期处于高温强光季节，应勤浇水，昼夜放风，保持室内适宜的温度。结瓜前期，仅保留棚体顶部覆盖的塑料薄膜，而将温室前沿的塑料薄膜揭开，这样不仅可减轻直射光的强度，而且还能起到降温防雨的作用。除雨天外，平时要加强通风，使棚内温度白天保持 25～28 ℃，夜间 13～17 ℃，昼夜温差在 10 ℃以上。夜间要留通风口散湿。结果盛期，进入 10 月中旬后，外界气温逐渐降低，应充分利用晴朗天气，使棚内白天温度提高到 26～30 ℃，夜间 13～15 ℃。此期如果白天温度适宜，要加强通风。当最低温度低于 13 ℃时，夜间要关闭通风口。

秋延迟黄瓜生育期相对比较短，所以水肥要足。在黄瓜开始结瓜时施腐殖酸冲施肥，每亩用 20～40 千克，以后每摘一次黄瓜，结合浇水追一次肥，不浇空水。结合追肥，喷施叶面肥，10～15 天一次，连喷 3～4 次。为增加雌花数量，可采用生长激素乙烯利处理，注意浓度不宜太高，否则易出现花打顶并发生药害。温度低时，黄瓜生长缓慢，对肥水的要求相对减少，为降低棚内湿度，应严格控制浇水，一般 10～15 天浇一次，不旱不浇，同时可用 0.2%尿素或 0.1%～0.2%磷酸二氢钾溶液叶面喷施。

04

四、大棚蔬菜生产模式与技术

（一）大棚早春西瓜—秋延辣椒（芹菜）栽培

1. 西瓜、芹菜对环境条件的要求

（1）西瓜 西瓜属喜温耐热作物，对温度的要求比较严格。对低温反应敏感，遇霜即死。种子发芽适宜温度为 25～30 ℃，在 15～35 ℃的范围内，随着温度的升高，发芽时间缩短。生长发育的适宜温度为 18～32 ℃，在这一温度范围内，随着温度的升高，生长发育速度加快，茎叶生长迅速，生育期提前。西瓜生长发育的下限温度为 10 ℃，若温度在 5 ℃以下的时间较长，植株就会受到冷害。西瓜开花坐果期的适宜温度为 25～35 ℃，温度下限为 18 ℃，若气温低于 18 ℃则很难坐瓜，即使坐住往往果实畸形，果皮变厚，成熟期延长，糖分含量明显下降。西瓜喜好较大的昼夜温差，在适宜温度范围内，昼夜温差大，有利于植株各器官的生长发育和果实中糖分的积累。

西瓜根系生长发育的适宜温度为 28～32 ℃。在西瓜早熟栽培时，因前期温度较低，所以多采用温床育苗。在移苗定植时，采用地膜、小拱棚、草苫、大棚等多层覆盖，并选晴暖天气进行，以满足根系生长发育对温度条件的要求。

西瓜是喜光作物，需要充足的光照。在较强的光照条件下，植株生长稳健、茎粗、节短、叶片厚实、叶色深绿。而在弱光条件下，植株易出现徒长现象，茎细弱、节间长、叶大而薄、叶色淡。特别是开花坐果期，若光照不足会使植株坐果困难，易造成"化瓜"，而且所结的果实因光合产物少，含糖量降低，品质下降。在西瓜早熟栽培育苗过程中，可通过加强通风、透光、晒苗等措施来培育壮苗。

（2）芹菜 芹菜属耐寒性蔬菜，要求较冷凉湿润的环境条件，在高温干旱条件下生长不良。芹菜种子发芽的适宜温度是 15～20 ℃，生长的最佳温度组合是白天 23 ℃、夜间 18 ℃、地温 23 ℃。芹菜根系浅，吸收能力弱，不耐干旱，对水分和养分的要求比较严格。芹菜吸收肥的能力较弱，对土壤肥料浓度要求较高，对肥料的需求以氮肥为主，也需要吸收少量的钾、磷肥。

2. 早春西瓜—秋延辣椒（芹菜）栽培模式

（1）西瓜 12 月中下旬育苗，出苗后子叶平展露出一心时进行嫁接，2 月中下旬定植，5 月上旬上市。平均行距 3 米，株距约 35 厘米，亩栽苗 600～650 株，亩产量约 6 000 千克。

（2）辣椒 6 月下旬育苗，7 月下旬定植，10 月上旬上市。宽行80 厘米，窄行 50 厘米，穴距 45 厘米，每亩栽苗 2 000 余株。亩产量约 4 000 千克。

（3）芹菜 6 月中下旬露地遮阳育苗，8 月下旬定植，10 月下旬上市。亩产量约 7 000 千克。

3. 早春西瓜—秋延辣椒（芹菜）栽培实用技术

（1）西瓜栽培实用技术

① 品种选择。选用低温生长性与结果性好，较耐阴湿环境，适宜嫁接栽培并具有优质、抗病、丰产等特点的早熟或中早熟品种（视频 6）。目前较适宜的品种有极品京欣、双星欣霸、双星等。砧木选用葫芦或瓠瓜。

视频 6
棉被大棚早春
西瓜栽培技术
要点

② 育苗。

播种时间：具体时间依各地气象条件和栽培设施而定。河南地区多采用"三膜一苫""四膜一苫"的覆盖保温方式。"三膜一苫"即大拱棚里套小拱棚，拱棚内覆地膜，小拱棚外面覆盖草苫。"四膜一苫"即在"三膜一苫"的基础上于大拱棚内加盖二层膜。12 月下旬播种，2 月中下旬定植，4 月底上市，比露地早 45 天上市。

浸种催芽：（a）种子消毒。用 10％的磷酸三钠溶液浸种 20 分钟，或用 1％高锰酸钾溶液浸种 15 分钟，以预防苗期病毒病。种子消毒后，用清水冲洗干净再浸种。（b）浸种。（砧木浸种之前先磕开种嘴）用 55 ℃温水边泡边搅，使种子受热均匀，持续 15 分钟，降温到 30 ℃再浸泡 8～10 小时，并反复搓洗去掉种子上的黏液。（c）催芽。种子捞出，摊开稍晾片刻，使表面水分散发，然后用干净的湿布包裹，放在 25～30 ℃条件下催芽。催芽过程中每天搓洗种子 2～3 次。若种子发芽不整齐，每天应该把先出芽的种子抽出，用湿布包住，置于冷凉处，待种子基本出齐后集中进行一次性播种。

配制营养土：营养土的配制应选用未种过瓜类作物的田园土 6～7 份、农家肥 3～4 份，每立方米营养土加充分腐熟的大粪干或鸡粪 25 千克、过磷酸钙 1.5 千克和 50%多菌灵可湿性粉剂 0.5 千克，混匀打碎过筛装入营养钵。

播种：把装好的营养钵整齐地排列在苗床内，浇足底水，待水渗下后把催过芽的种子点播于营养钵内，覆土 1.5 厘米厚，播后加盖薄膜保温保湿。当有 70%幼苗开始出土时，及进揭去薄膜，以防徒长。嫁接采用插接时，砧木比西瓜要早播 5 天左右，采用靠接时要求砧木比西瓜晚播 3～5 天。

苗期管理：在足墒的情况下，出苗快慢的决定因素是温度。播种后温度白天保持在 30 ℃，夜间 25 ℃，一般 6～9 天即可齐苗。齐苗后即刻降低温度，白天 21～23 ℃，夜间 13～15 ℃，防止苗旺长，形成"高脚苗"。当第 1 片真叶出现后，白天温度可提高到 25 ℃左右，夜间不低于 15 ℃。

育苗期间要通过揭盖草苫，擦抹薄膜等方式尽量多争取光照。水分也不能缺，因营养钵体积小，易干，要经常注意补水。

西瓜枯萎病属土传性毁灭性病害，尤其在连作的情况下更易发生。所以在生产上常采用西瓜嫁接法来减轻枯萎病的发生。西瓜嫁接方法很多，一般以顶插接、劈接、靠接 3 种方法较简单易行，嫁接成本低，成活率高。以顶插接为例简单介绍其具体做法。顶插接法要求砧木要比接穗早播几天。一般可在砧木出苗后立即播种西瓜。适宜的嫁接期为砧木第 1 片真叶刚展平、接穗子叶展开。嫁接前一天砧木、接穗都要淋透水，同时叶面喷洒杀菌剂，预防病害发生。嫁接过程选择晴天，在散射光或遮光条件下进行。嫁接时，先用刀片把砧木的真叶及生长点轻轻切除，再用竹签从切口处斜插入砧木胚轴，深 1 厘米左右。然后取接穗并把子叶下面的胚轴削成长约 1 厘米的楔形面，插入砧木孔内，并与砧木孔口刚好贴合。嫁接过后的苗要整齐排列在苗床内，覆盖好地膜。

嫁接后苗管理：从嫁接到成活一般需要 10 天左右，在此期间要做好保温、保湿和遮阳等工作。刚嫁接后前 3 天，注意遮光、保温、保湿，保持温度白天 26～28 ℃，夜间 24～25 ℃，湿度 90％以上。3 天后，逐渐通风降温排湿见光。嫁接苗成活后按一般苗床管理。定植前一周温度降至 13～15 ℃。此过程中要随时切除砧木不定芽，保证接穗正常生长。操作时要注意不要损伤子叶和松动接穗。

西瓜的苗期病害主要是猝倒病，有时也发生炭疽病和枯萎病。对苗期病害应采取综合防治措施，以防为主。采用种子消毒、营养土消毒、有机肥充分腐熟、苗床内保持适宜的温度和湿度、药剂防治等综合措施。药剂采用百菌清、甲基硫菌灵、噁霜·锰锌等。

③ 定植。

定植前的准备：（a）提前扣棚。在定植前 10～15 天扣好大棚棚膜，使棚内土壤温度提升到 15 ℃以上。（b）整地。结合深翻每亩施入腐熟有机肥 5 000 千克，硫酸钾 50 千克，磷酸二铵 50 千克。将肥料与土充分混匀后深翻 30 厘米，并灌足水。（c）做垄。按 3 米的行距起高垄，垄间沟内种植一行西瓜，两侧垄面作为西瓜伸蔓所用，整个畦面覆盖地膜。

定植：定植苗龄为 35～40 天，当地温连续 3～5 天超过 13 ℃时开始定植，一般选择晴天或冷尾暖头天气定植。定植株距 35 厘米，行距 3 米，亩定植 600～650 株。定植时在地膜上打孔栽苗，膜口用土封严压实。

④ 定植后管理。

从定植到缓苗生长（缓苗期）：为促进花粉分化和雌花比例增大，光照每日要在 8～9 小时，温度白天保持在 25～35 ℃，夜间 18～20 ℃，空气相对湿度 50％～60％。缓苗期不浇水，少通风，只在中午气温超过 35 ℃时进行短时间通风降温。

从缓苗生长到开花前：根据棚内温、湿度，适当通风，调温调湿。气温白天保持在 24～32 ℃，夜间不低于 15 ℃。空气相对湿度白天 50%～60%，夜间 80% 左右。以地膜保墒为主，土壤相对含水量以 55%～75% 为宜，尽量不浇水。为提高西瓜品质，在团棵期追肥时，一般每亩穴施豆饼 35～50 千克，尿素 10 千克。

从开花到瓜果膨大盛期：期间应增强光照，根据天气季节变化可撤去小拱棚，棚内温度上午保持在 20～35 ℃，夜间 20～15 ℃。空气相对湿度白天 50%～60%，夜间不超过 80%。期间结合浇水可追两次肥，第 1 次在坐住瓜后，幼瓜鸡蛋大小时，每亩追施尿素、硫酸钾各 30 千克。第 2 次在第 1 茬瓜坐住后 15～22 天，叶面喷洒速效化肥、微肥、高效氨基酸复合肥，6～7 天喷一次，连续喷两次。在第 1 茬瓜定个后开始留第 2 茬瓜。第 1 茬瓜采收后，再追一次肥，以提高第 2 茬瓜的产量。此期间要人工授粉，一般在上午 7—9 时进行，具体操作方法是先摘取刚开放的雄花，去掉花瓣，露出雄蕊，手持雄花往雌花的柱头上轻轻涂抹，使整个柱头粘上花粉，1 朵雄花授 3～4 朵雌花。

调整植株：一般采用三蔓整枝法，除保留主蔓外，在主蔓的 3～5 片叶腋处选留 2 条生长健壮的侧蔓，其余侧枝全部去掉。当两侧蔓伸长到 20 节时，将两侧蔓分别打顶，保留由上往下数第 3 节或第 4 节的叶芽，其余抹去。保留主蔓第 2 朵雌花坐果，坐果后留 5～7 片叶打顶。

⑤ 采收。判断西瓜成熟的方法有计时定熟法，在人工授粉的当日定一标记，参照不同品种的瓜龄期长短，确定是否成熟。西瓜的采收期比较严格，适时采收的西瓜味甜、汁多、颜色艳、风味好、单瓜重量大、耐贮运。

采收西瓜的时间以上午或傍晚为宜，因为西瓜夜间冷凉后散发了大部分热量，采收后不至于因体温过高和呼吸作用加强，而引起质量下降和不利于贮运。采收西瓜的方法是用力从瓜梗与瓜蔓的连接处割下，不要从梗基部撕下。

（2）辣椒栽培实用技术

① 品种选择。辣椒秋延后栽培品种要求必须是能耐高温、抗病毒病、生长势强、结果集中、果大肉厚、又能耐寒的品种（视频 7）。

视频 7
大棚秋延后
辣椒栽培技术
要点

② 播种育苗。

准备育苗：育苗在高温多雨季节，选择地势高，通风见光好的地块，整好地，用敌克松制毒土或用噁霉灵喷洒进行土壤消毒，苗床周围挖好排水沟。辣椒的花芽分化在苗期即进行，所以要培育大苗壮苗。一般用较大营养钵育苗，即可培育壮苗，又有利于定植后提前缓苗。有条件的农户可采用基质穴盘育苗。

播种育苗：一般 6 月下旬播种，苗期 1 个月，7 月下旬定植。种子要消毒，播后搭小拱棚，覆盖塑料棚膜和遮阳网做顶，塑料棚膜挡雨，遮阳网遮光。高温季节要保持土壤湿润确保出苗。壮苗标准为苗高 15～17 厘米，开展度 15 厘米左右，苗龄 30～36 天，有 6～10 片真叶，刚现蕾分杈，叶色深绿，叶片壮而不旺，根系发达，无病虫危害。

③ 整地作畦与定植。秋延后辣椒生育进程较快，要求基肥充足，肥料充分腐熟，土壤全层施肥，肥料浓度又不能过大。基肥要求以有机肥和磷、钾肥为主，结合耕地早施深施分次施。一般每亩施腐熟基肥 5 000 千克（或干鸡粪 500 千克），复合肥 20～30 千克，生物肥 100 千克。定植前 2 天喷杀虫、杀菌剂预防，做到"带药出嫁"。宽窄行栽培，宽行 80 厘米，窄行 50 厘米，穴距 45 厘米。选择阴天或晴天 16 时以后，起苗前剔除病虫苗、弱苗、杂苗，多带土，边栽边浇定根水。

④ 定植后的管理。

温度管理：辣椒生长适宜的温度白天 23～28 ℃，夜间 15～18 ℃。前期在棚膜上覆盖遮阳网遮光降温，大棚日夜通风，当白天温度稳定在 28 ℃以下时，可揭掉大棚外的遮阳网。秋季早期一般温度比较适合，不需特别调控。后期在温度不适宜时，一般是 11 月第 1 次寒潮到来之前（即小雪节气前），棚内要及时上二膜，上膜后注意温、湿度调控。

水肥管理：辣椒施肥以基肥为主，看苗追肥。切忌氮肥用量过多，造成枝叶繁茂大量落花，推迟结果。前期宜小水勤浇。追肥以优质复合肥为主，溶水浇施。一般每次每亩施 10 千克，分别在定植后 10～15 天和坐果初期追肥。定植后到 11 月上旬，棚内土壤保持湿润，切忌忽干忽湿和大水漫灌。11月中旬以后，以保持土壤和空气湿度偏低为宜。

植株调整：将门椒以下的腋芽全摘除，生长势弱时，第1、第2层花蕾也应及时摘掉，以促植株营养生长，确保每株都能多结果增加产量。10月下旬至11月上旬植株上部顶心与空枝全部摘除，以减少养分消耗，促进果实膨大。摘顶心时果实上部应留两片叶。在拉秧前10～15天，打掉所有枝杈的顶部，以去掉顶端优势，使顶部的小果实迅速长大，达到商品采收标准。另外也可用15～20毫克/升2,4-D或35～40毫克/升防落素保花保果。

⑤ 采收。根据市场行情，可分批次采收上市。

（3）芹菜栽培实用技术

① 育苗。品种选用抗寒、耐弱光、抗病力强的品种，如西芹1号。大棚秋延后芹菜于6月下旬播种育苗，8月下旬定植，10月下旬陆续上市（视频8）。

视频8
大棚秋延后
芹菜栽培技术
要点

催芽：芹菜种子发芽的适宜温度为15～20 ℃，秋延后栽培幼苗期，正值高温季节，不利于种子发芽，先将种子用冷水浸种12小时后，经淘洗、晾散，吊在井内水面以上或放在山洞、地下室等冷凉的地方，使环境温度保持在15～20 ℃，以促进种子尽快出芽。催芽期间，一般进行两次淘种、晾种，种子露白时即可播种。

苗床的准备：芹菜种子小，顶土力弱，出苗慢，因此要精细整地，做好育苗床。每亩施用腐熟的圈肥5 000千克，肥料捣细撒匀，然后深翻整地，做宽1.2～1.5米，长25米左右的苗畦。作畦时应取出部分畦土，过筛做覆土备用。为防止苗期杂草丛生，每亩用48%的氟乐灵乳油125克，兑水60～100千克，在整平畦面后喷洒畦面，随即浅锄5～10厘米深，使药剂与表层土壤充分混合，以防药剂见光分解，然后浇水播种。药效可维持2～3个月。

播种：播种宜在阴天或傍晚进行。苗床先浇透水，将种子与少量细沙土拌匀，在畦面上均匀撒播，播后覆盖细土，厚度为0.5厘米。播种至出苗需10～15天。为防止阳光暴晒和雨水冲刷，播种后需采取遮阳保湿措施，可用玉米秸秆、高粱秸秆、苇帘等做覆盖材料。有条件的，可盖黑色或银灰色遮阳网，既能遮阳，又能防蚜、防病。但要注意保证幼苗生长中后期有适宜的光照，即遮阳网晴天盖、阴天揭，中午盖、早晚揭，不能一盖到底，否则不利于培育壮苗。

苗期管理：苗期管理以防晒、降温、保湿为主。播种后至出苗前，每1~2天浇1次小水，保持畦面湿润。出苗后苗床内光照弱时，可揭去遮阳覆盖物，光照强时再盖上，逐渐减少遮盖时间。雨天要注意排水。第1片叶展开后，逐渐减少浇水次数。苗齐后至长出3片真叶期间应进行2~3次间苗，3片真叶时，保证幼苗间距不小于4厘米见方。结合间苗及时剔除杂草。芹菜苗长出5~6片真叶时，要控制水分，防止徒长。苗高5~6厘米时，结合浇水，每亩追施尿素8~10千克，或叶面喷0.3%~0.5%的尿素液，促进幼苗生长。幼苗具有5~6片真叶，苗高10~20厘米时就可定植。

苗期发现蚜虫时，要及时用吡虫啉、蚜虱净等药剂进行防治。发生病害时要用百菌清、多菌灵等药剂进行防治。

② 定植。

整地施肥：一般在8月下旬定植。结合翻地，每亩施用优质腐熟的圈肥5 000千克，尿素30千克，过磷酸钙40千克，硝酸钾15千克，粪土掺匀，耙平耙细，做成1.2~1.5米宽的平畦。

定植：选阴天或傍晚进行。在棚内开沟或挖穴，随起苗，随定植，随浇水，并浇透水。栽植深度以不埋住心叶为度。定植密度：本芹一般行距20厘米，株距13厘米左右，亩栽25 000株左右；西芹一般行距25厘米，株距20厘米，亩栽10 000~13 000株。

③ 定植后的管理。

温度调节：定植后，气温有时仍较高，土壤蒸发量大，因此，定植初期要注意保湿、降温，中午光照太强时可用遮阳网遮阳。当白天最高气温降至15 ℃，夜间降至5 ℃时，需要扣膜保温。扣膜初期，外界光照强、温度高，既要通风降温，又要保湿，夜间大棚两侧薄膜可不盖上，使植株逐渐适应大棚栽培环境。当外界气温下降时，白天通过改变薄膜通风口的大小，使棚内温度白天保持在15~20 ℃，夜间10~15 ℃。11月中旬以后，气温急剧下降，要封严风口，减少通风，加强保温，防止受冻。夜间气温低于 6 ℃时，还要在大棚四周加围草苫保温。在保证不受冻的前提下，草苫要早揭晚盖，使植株多见光，并经常清洁棚膜，提高透光率。阴天、雨雪天也要揭苫，中午温度高时要加强通风，至少 2～3 天通风 1 次，严寒冬季不通风。成株虽然能忍耐－10～－7 ℃的低温，但长时间在低温下，叶柄也会受冻变黑，出现空心，纤维含量增加，品质下降。保温条件有限时，要适当早采收。

　　肥水管理：定植时要浇足底水，2～3 天后再浇 1 次缓苗水，使土壤湿润，并能降低地温。浇水后中耕，并将被泥土淤住的苗子扶正。心叶发绿时表明已经缓苗，这时可进行 7～10 天蹲苗，待植株叶柄粗壮，叶片颜色浓绿，新根扩展后再浇 1 次水，保持地面见干见湿。定植后 1 个月，植株生长加快，要勤浇水，勤中耕，一般 4～5 天浇 1 次水，浇水后及时通风散湿。一般于 11 月上中旬覆盖农膜，为保证后期不缺肥，扣膜前结合浇水进行一次追肥。扣膜后，环境湿度大，极易造成叶枯病的发生，因此，除扣膜前进行一次细致喷药外，扣膜初期要注意加强放风。在外界天气寒冷时，棚内水分散失量小，植株蒸发量也减少，要减少浇水次数和浇水量，一般 1 个月左右浇 1 次。低温季节，浇水宜在晴暖天气的中午前后进行，并适度通风。收获前 7～8 天再浇 1 次水，使叶柄充实、鲜嫩。芹菜喜肥，生长期间要及时补充肥料。蹲苗结束后，要交替追施速效化肥和腐熟人粪尿。旺盛生长期，当株高达到 30 厘米时，每亩随水冲施硫酸铵15～25 千克，或腐熟人粪尿 1 500 千克，可随浇冻水再追施一次速效化肥。

　　④ 收获与贮藏。大棚冬芹菜生长到 60～70 厘米时，在元旦前开始第 1 次收获，在 1 月中旬进行第 2 次收获，这两次收获可采用披外层叶上市的办法，每株一次披 3～4 片外叶。在 2 月上旬进行第 3 次收获，可连根拔起供应春节市场。若保温条件较差，不能过冬，应在冬前上市，或收获后贮藏。一般要在棚内的最低温度降至 2 ℃以前，及时采收。如果采收过早，可进行短期贮藏，于元旦前后上市。

　　作短期贮藏的芹菜，在收获时连根带土一块铲起，轻轻抖落部分根土，摘掉黄叶、烂叶及病叶，注意不要碰伤叶柄，然后捆成把，每把 5 千克左右。在棚内挖 25～30 厘米深、1.5 米宽的沟，长度按需要而定。把芹菜根朝下排入沟中，把挨把放齐，在上面盖上草苫。温度低时，要覆盖好，温度高时要揭去草苫，以免内部积热。这种方法既可防冻，又能减少水分蒸发，可贮藏 20 天左右。

（二）大棚早春甜瓜—夏秋甜瓜—秋冬菜栽培

1. 甜瓜、菠菜对环境条件的要求

（1）甜瓜　甜瓜属喜温作物，对温度要求高，种子在 16～18 ℃条件下开始发芽，发芽适温为 30～33 ℃，生长期适温 25～32 ℃，在 40 ℃ 的高温下仍能生长，低于 10 ℃ 时生长停止。开花期的适宜温度为 20 ℃，最低温度为 18 ℃。甜瓜对低温反应敏感，遇霜即死。甜瓜生长发育期间需要有较大的温差，一般幼苗及营养生长期需要有 10～13 ℃ 的温差，结果期所需温差为 15 ℃。夜温过高，保护地栽培易发生徒长。

甜瓜对光照的要求很高，正常生长发育需 10 小时以上光照。光照度小于自然光的 80% 时，花芽分化质量显著降低。

甜瓜要求空气干燥，一般保持空气相对湿度在 50%～60%。空气潮湿时生长势弱，坐果困难，容易发病。幼苗期和伸蔓期内适宜的湿度有利于植株的生长，开花期内要求湿度有所降低，但过干或过湿均妨碍甜瓜授粉受精的正常进行。开花结果期内雨水少、湿度低时有利于提高品质，因此最好采用渗灌或滴灌，并采用地膜覆盖，以减少水分蒸发量，降低空气相对湿度。甜瓜对土壤水分也要求较低，生长期间 30 厘米厚的土层内土壤相对含水量保持在 70%～80%，果实成熟期降低至 55%～60%，收获前 10 天应停止灌水。

甜瓜根系发达，对土壤条件要求不是很严格，沙土、壤土、黏土均可种植。但甜瓜根系好气性强，最适于沙质壤土栽培。甜瓜对钾肥的需求量大，钾可提高含糖量，但甜瓜为忌氯作物，不宜施用含氯钾肥。

（2）菠菜　菠菜属耐寒蔬菜，种子在 4 ℃ 时即可萌发，适宜温度为 15～20 ℃，营养生长的适宜温度为 15～20 ℃，25 ℃ 以上生长不良，地上部能耐 -8～-6 ℃ 的低温。

菠菜是长日照作物，在高温长日照条件下植株容易抽薹开花，对

光照度要求不严，可与高秆作物间套作。

菠菜叶面积大，组织柔嫩，对水分要求较高。水分充足，生长旺盛时肉厚、产量高、品质好。在高温长日照及干旱的环境条件下，营养生长受抑制，加速生殖生长，容易未熟抽薹。

菠菜对土壤适应能力强，但仍以保水保肥力强的肥沃壤土为好，菠菜不耐酸，适宜的 pH 为 7.3～8.2。菠菜为速生绿叶菜，要求有较多的氮肥促进叶丛生长，应在氮、磷、钾全肥的基础上增施氮肥。

2. 早春甜瓜—夏秋甜瓜—秋冬菜栽培模式

(1) 早春甜瓜 早春茬甜瓜 1 月中下旬育苗，3 月上旬定植，5 月上中旬上市。亩产量 4 000 千克。

(2) 夏秋甜瓜 夏秋茬甜瓜于 7 月中下旬直播，9 月中旬上市。亩产量 2 500 千克。

(3) 秋冬菜 主要种植黄瓜、菠菜、芫荽等。黄瓜于夏秋茬甜瓜收获前于植株间直播；菠菜或芫荽 10 月上旬直播，12 月下旬上市。

3. 早春甜瓜—夏秋甜瓜—秋冬菜栽培实用技术

(1) 早春甜瓜栽培实用技术

① 品种选择。选择耐低温、耐弱光、结果集中、商品性好的品种，应以早熟、中熟优质品种为主（视频 9）。

② 培育壮苗。

一是营养钵育苗。

播种期：甜瓜育苗期 30～35 天，定植期往前推一个月左右的时间，即是播种期。定植期约在 3 月上旬，则育苗播种期一般安排在 1 月中下旬。如果保温条件好也可提早到 1 月上中旬育苗。

视频 9
大棚早春茬
甜瓜栽培技术
要点

种子处理和催芽：备播的种子经去杂去劣去秕，晾晒后再进行种子处理。用 50% 多菌灵可湿性粉剂 500～600 倍液浸种灭菌 15 分钟，捞出后放入清水中洗净，用 15% 磷酸三钠溶液浸种 30 分钟以钝化病毒。再用 50～60 ℃温水浸种，搅拌至 30 ℃，浸泡 6～8 小时，捞出擦净种皮上的水分，用清洁粗布将种子分层包好，放置于 30～32 ℃恒温下催芽。24～30 小时露出胚根，即可播种。

营养土制作与播种：营养钵的规格可以是 10 厘米×10 厘米或 8 厘米×8 厘米或 8 厘米×10 厘米。营养土应疏松透气，保水保肥力强，富含各种养分，无病虫害。

营养土用未种过瓜类作物的大田土、园田土、河泥、炉灰及各种禽畜粪和人粪干等配制而成，一切粪肥都须充分腐熟。配制比例是大田土 5 份，腐熟粪肥 4 份，河泥或沙土 1 份。每立方米营养土加入尿素 0.5 千克，过磷酸钙 1.5 千克、硫酸钾 0.5 千克或加氮磷钾三元复合肥 1.5 千克。营养土在混合前先行过筛，然后均匀混合。育苗土的干湿度要适宜，土壤湿度为半干半湿，即抓起一把土，手握成团，落地即散，湿度不足时，就先用喷雾器均匀喷水，湿度过大时，应事先摊开晾晒。

营养土装钵后，整齐紧密地排列于苗床内，浇足底水，晾晒 4～6 小时后即可播种。每一营养钵内放 1 粒催芽种子，播种后覆土 1～1.5 厘米厚。然后盖地膜，保持床土湿润，提高营养钵的温度，幼苗出土时立即除去地膜，以便幼苗出土。

苗床管理：苗床管理以温度为中心，出苗前要密闭不通风，此时床温以保持 30～35 ℃为宜。一旦幼芽开始出土就应适当注意放风透气，因为从幼苗出土至子叶平展，这段时间下胚轴生长最快，是幼苗最易徒长的阶段，所以要特别注意控制甜瓜苗的徒长。其措施有三：（a）床温降低到 15～22 ℃；（b）尽量延长光照时间，保证幼苗正常发育；（c）降低床内空气和土壤湿度，空气相对湿度白天 50%～60%，夜间 70%～80%。当真叶出现后，幼苗不易徒长，因此床温应再次提高到 25～30 ℃。幼苗长出三片真叶后，应降低床温，控制浇水，进行定植前的锻炼。另外，实践证明，采用昼夜大温差育苗，是培养壮苗的有效措施。当幼苗真叶出现后，白天床内温度保持在 30 ℃左右，夜间最低温度保持在 15 ℃左右，这样有利于根系的生长，有利于培育壮苗。

二是穴盘嫁接育苗。

基质配制：选用优质草炭、蛭石、珍珠岩为基质材料，按体积比 3∶1∶1 配制，每立方米加入 1～2 千克国标复合肥，同时加入 0.2 千克多菌灵搅拌均匀后密封 5～7 天待用。

穴盘使用黑色 PS 标准穴盘，砧木选用 50 孔穴盘，尺寸长 53 厘米×宽 28 厘米×高 8 厘米。接穗选用平盘，标准尺寸长 60 厘米×宽 30 厘米×高 6 厘米。将含水量 50%~60% 的基质装入穴盘中，稍加镇压，抹平即可。

砧木选择：以南瓜为主，与接穗亲和力强，共生性好，且抗甜瓜根部病害，对产品品质影响小，嫁接优势表现明显。

浸种催芽：方法同上。

播种：砧木较接穗提早播种 5 天。砧木出芽率达 85% 以上时即可播种。把砧木种子摆在穴盘内，然后覆盖消毒蛭石，淋透水后，苗床覆盖地膜。白天温度 28~30 ℃，夜温 18~20 ℃。幼苗出土后及时揭去地膜，白天温度 22~25 ℃，夜温 16~18 ℃。接穗种子均匀地播在装有基质的平盘内，播后覆盖一层冲洗过的细沙，用地膜包紧。放置在温床或催芽室内催芽，温度 30 ℃左右。有 70% 的种子露白时去掉地膜，逐渐降低温度，白天温度 22~25 ℃，夜温 16~18 ℃。

嫁接方法及标准：选用插接法。砧木第 1 片真叶露心，茎粗 2.5~3 毫米，嫁接苗龄 12~15 天；接穗子叶展平，刚刚变绿，茎粗 1.5~2 毫米，嫁接苗龄 10~13 天。嫁接前一天砧木、接穗都淋透水，同时叶面喷洒杀菌剂。

嫁接：将砧木真叶和生长点剔除。用竹签紧贴砧木任一子叶基部内侧，向另一子叶基部的下方呈 30°~45° 斜刺一孔，深度 0.5~0.8 厘米。取一接穗，在子叶下部 1 厘米处用刀片斜切 0.5~0.8 厘米楔形面，长度大致与砧木刺孔的深度相同，然后从砧木上拔出竹签，迅速将接穗插入砧木的刺孔中，嫁接完毕。

嫁接后管理。(a) 湿度。苗床盖膜保湿。嫁接后前 3 天苗床空气相对湿度保持在 95% 以上，之后视苗情逐渐增加通风换气时间和换气量，6~7 天后空气相对湿度控制在 50%~60%。(b) 温度。嫁接后前 6~7 天白天温度保持在 25~28 ℃，夜间 20~22 ℃。伤口愈合后，白天温度 22~30 ℃，夜间 16~20 ℃。(c) 光照。嫁接后前 3 天遮光，早晚适当见散射光，以后逐渐增加见光时间，直至完全不遮阳。遇到久阴转晴要及时遮阳，连阴天须进行补光。(d) 肥水管理。嫁接苗不再萎蔫后，视天气状况，5~7 天浇一遍肥水，可选用磷酸二氢钾等优质肥料。（e）其他管理。及时剔除砧木长出的不定芽，去侧芽时切忌损伤子叶及摆动接穗。嫁接苗定植前 5～7 天开始炼苗，加大通风、降低温度、减少水分、增加光照时间和强度。出苗前喷一遍杀菌剂。

苗期病虫害防治：病害主要有猝倒病、立枯病、蔓枯病等，可用 50%多菌灵可湿性粉剂 600 倍液、70%代森锰锌可湿性粉剂 500 倍液、25%甲霜灵可湿性粉剂 800 倍液喷洒 2～3 次。虫害主要有蚜虫、白粉虱、蓟马、美洲斑潜蝇等，可用 2.5%溴氰菊酯乳油 2 000 倍液、1.8%阿维菌素乳油 1 500 倍液等防治。

③ 定植。

一是定植。当甜瓜苗龄 30～35 天，真叶三叶一心，一般大棚地温稳定在 12 ℃以上时，便可定植。大棚定植时气温较低，应在定植前 10～15 天扣膜，以利于提高棚内温度。

二是整地作畦。大棚内土壤在前作物收获后及时深翻，基肥以有机肥为主，每亩施 3 500～4 000 千克，硫酸钾复合肥每亩施 30 千克，一般采用宽窄行高垄定植，宽行 1.0～1.1 米，窄行 70～80 厘米，株距 30～35 厘米。浇一次底水，晾晒后铺上地膜。为便于采光，南北走向大棚顺棚方向作畦。栽苗前，按一定株距在高垄中央破膜打孔，将幼苗栽到孔内。一般亩栽 2 000～2 500 株。通常大棚高垄上只铺地膜即可，但有时在定植后的短期内还加盖小棚，以利保温，促进缓苗，促进幼苗的迅速生长。

三是立架栽培。为适应大棚甜瓜密植的特点，多采用立架栽培，以充分利用棚内空间，更好地争取阳光。常用竹竿或尼龙绳为架材。架形以单面立架为宜，此架形适于密植，通风透光效果好，操作方便。架高 1.7 米左右，棚顶高 2.2～2.5 米，这样立架上端距棚顶还留下了 0.5 米以上的空间，利于空气流动，降低湿度，减少病害。

④ 田间管理。

一是棚内温、湿度管理。甜瓜在整个生育期内适宜的生长发育温度是 25～30 ℃，但在不同生长发育阶段对温度要求也不同。定植后，白天大棚保持气温 27～30 ℃，夜间不低于 20 ℃，地温 27 ℃左右。缓苗后注意通风降温。开花前营养生长期保持白天气温 25～30 ℃，夜间不低于 15 ℃，地温 25 ℃左右。开花期白天保持气温 27～30 ℃，夜间 15～18 ℃。果实膨大期白天保持气温 27～30 ℃，夜间 15～20 ℃。成熟期白天保持气温 28～30 ℃，夜间不低于 15 ℃，地温 20～23 ℃。营养生长期昼夜温差要求 10～13 ℃，坐果后要求 15 ℃。夜间温度过高容易徒长，对糖分积累不利，影响品质。适于甜瓜生长的空气相对湿度为 50%～60%，而在大棚内白天 60%，夜间 70%～80%也能使甜瓜正常生长。苗期及营养生长期对较高、较低的空气相对湿度适应性较强，但开花坐果后，尤其进入膨瓜期，对空气相对湿度反应敏感，主要在植株生长中后期，空气相对湿度过大，会推迟开花，造成茎叶徒长，以及引起病害的发生。当棚内温度和湿度发生矛盾时，以降低湿度为主。降低棚内湿度的措施：第一是通风。生育前期棚外气温低而不稳定，以大棚中部通风为好，后期气温较高，以大棚两端和两侧通风为主，雨天可将中部通风口关上。在甜瓜生长的中后期要求棚内有一级风。第二是控制浇水。灌水多，蒸发量大，极易造成棚内湿度过高，所以要尽量减少灌水次数，控制灌水量。提倡膜下灌水。

二是水肥管理。在整个生长期内土壤相对含水量不能低于 48%，但不同的发育阶段，对水分的需求量也不同。定植后到伸蔓前瓜苗需水量少，叶面蒸发量少，应当控制浇水，促进根系扩大，伸蔓期可适当追肥浇水。开花前后严格控制浇水，当幼瓜长到鸡蛋大小，开始进入膨瓜期，水分供应要足。成熟期需水少。在膨瓜期配合浇水每亩可追施硫酸钾 10 千克。通常大棚甜瓜浇一次伸蔓水和 1～2 次膨瓜水即可。注意浇膨瓜水时水量不可过大，以免引起病害。另外，可在操作行内铺上麦秸或玉米秆等干草，每亩用量 1 000 千克，厚度 10 厘米，不仅可降低棚内湿度，还能提供有机肥，且白天吸热，晚上放热，对前期提高棚内温度有一定作用。

三是整枝。为使甜瓜在最理想的位置结果，使结果期一致，摘心、整枝为栽培上必须的手段。大棚甜瓜多采用单蔓整枝或双蔓整枝。

单蔓结果整枝法：此法操作简单，管理方便，可使甜瓜成熟期提前，结果集中，但产量稍低。具体做法是主蔓先不摘心，直到长出 25～30 片叶时才摘心，主蔓基部第 1～10 节位的子蔓全部摘除，选留主蔓上第 11～16 节位上所发生的子蔓作为结果蔓，春季低温期结果蔓多在主蔓第 13～16 节上为宜，结果蔓留 3 条，各留 2 片叶摘心，其他子蔓全部摘除。结果后主蔓基部的老叶可剪掉 3～5 片，以利通风。结果蔓上的腋芽或孙蔓也应摘除。

双蔓结果整枝法：此法可获得较高产量，但瓜成熟较晚，而且成熟期不太集中。具体做法是幼苗 3～4 片真叶展开时摘心，待子蔓长 15 厘米左右时，从中选留长势健壮、整齐的子蔓 2 条，摘除其余的子蔓，子蔓长到 20～25 片叶时摘心。低温期结果位置不宜太低，在第 10 节左右发生的孙蔓上坐瓜。高温期结果位置宜低，在第 6 节以后发生的孙蔓上坐瓜。预定结果蔓以外的子蔓及早摘除，预定结果蔓留 2 叶摘心。

无论哪种整枝方式，摘心工作应及早进行，防止伤口过大，主蔓摘心应在叶片没展开之前进行，结果子蔓或孙蔓摘心须在花蕾未开放前进行，以促进坐果和果实膨大。整枝摘心宜在晴天进行，并可适当喷洒农用链霉素防止伤口感染。

四是人工授粉。甜瓜属于典型虫媒花，栽培中需昆虫传粉或人工辅助授粉才能坐果，若开花期遇低温阴雨天气，则授粉受精不良，坐果率偏低，保护地内种植甜瓜必须人工授粉，阴雨天尤为重要。授粉一般在 8—10 时进行。授粉时将当天盛开的雄花摘下，确认已开始散粉，摘掉花瓣，将花粉轻轻涂抹在雌花柱头上，一般一朵雄花可涂抹 2～3 朵雌花。也可用坐瓜灵解决这一问题，利用坐瓜灵处理可在雌花开放当天或开花前 1～3 天内进行，处理时间较长，处理后 6 小时之内没有雨水冲刷，坐果率可达到 90％以上，为瓜农解除后顾之忧。

使用浓度：坐瓜灵每瓶（袋）5 克兑水 2～3 千克（稀释 400～600 倍），充分摇匀。使用浓度与环境温度有关，详见参考表 4 - 1。

表 4 - 1　坐瓜灵在使用时兑水量与环境温度的关系

环境温度（℃）	兑水量（千克）
15～20	2.00～2.25
21～24	2.25～2.75
25～30	2.75～3.00

使用方法：将坐瓜灵用水稀释至所需浓度，充分摇匀，使其呈均匀的白色悬浮液，然后采用微型喷壶对着瓜胎逐个充分均匀喷洒，也可采用毛笔浸蘸药液均匀涂抹整个瓜胎。

注意事项：（a）使用效果受当地气候条件、品种特性及使用方法影响，在大面积应用前须小面积试用，掌握其正确使用技术，以达到最佳使用效果，杜绝副作用（如裂瓜、畸形瓜、瓜有异味苦味等）的产生。（b）喷、涂或蘸药一定要均匀，以免出现歪瓜，且不可重复过量喷洒，用后要加强肥水管理。（c）在适宜的浓度范围内，加水量随环境温度高低适当调整，温度高，加水多，温度低，加水少，温度过高（高于30℃）或温度过低（低于15℃）不宜使用，以免造成药害、烧瓜、抑制瓜生长等不良影响。（d）坐瓜灵系可湿性粉剂，使用时应随用随配，不可久置。

五是选瓜留瓜。坐果后5～10天当幼瓜长到鸡蛋大小时，选留节位适宜、瓜形圆正，符合本品种特点的瓜作商品瓜。早熟小型果品种留2个，留2个瓜的要选节位相近的，以防出现一大一小的现象。中晚熟大型果留1个。当幼瓜长到0.5千克左右时，要用塑料绳吊在果梗部，固定在竹竿或支柱的横拉铁丝上，以防瓜蔓折断及果实脱落。

⑤ 果实成熟与采收。判断果实的成熟度，可从皮色、香味、熟性等方面识别。多数品种的幼果和成熟果，皮色上有明显的变化。鉴别甜瓜成熟度的标准主要有以下几种。

开花至成熟的时间：不同品种自开花至成熟的时间差别很大，栽培时可在开花坐果时作出标记，到成熟日期前后采收。

离层：多数品种果实成熟时在果柄与果实的着生处都会形成离层。

香气：有香气的品种果实成熟时开始产生，成熟越充分香气越浓。

果实外表：成熟时果实表现出固有的颜色和花纹。

硬度：成熟时果实硬度有变化，用手按压果实有弹性，尤其花脐部分。

植株特征：坐果节位的卷须干枯。坐果节位叶片叶肉失绿，叶片变黄，此可作为果实成熟的象征。

采收应在早上温度较低，瓜表面无露水时进行。采收时瓜柄应剪成 T 形。采收后随即装箱或装筐运走。

如果运往外地，则在采收时应注意，采收前 10～15 天停止浇水以减少腐烂损耗。采收的成熟度要一致。采收及装运过程中要轻拿轻放，尽量减少机械损伤等。

（2）夏秋甜瓜栽培实用技术 夏秋茬甜瓜于早春茬甜瓜拉秧后 7 月中下旬直播，9 月中旬开始采收，瓜成熟期 28 天左右，可采收 2～3 个瓜，一般于 10 月上旬采收结束，其栽培要点如下。

① 施足底肥。上茬甜瓜拉秧后清洁田园，结合犁地每亩撒施腐熟优质有机肥 1 500 千克，45%氮磷钾三元复合肥 50 千克，石灰 75 千克，整平耙细。直播前 2～3 天结合起垄施尿素 5 千克，45%硫酸钾型复合肥 20 千克，硼砂 1～1.5 千克，辛硫磷毒土 10 千克。垄高 20～25 厘米，垄面要平、净、细。

② 播种。催芽、起垄方法同早春茬甜瓜操作方法。

③ 田间管理。

及时覆盖防虫网：播种后要及时在大棚周围和顶口放风处覆盖防虫网，防止害虫进入，减轻病虫害发生。

及时摘心和追肥：当瓜苗长出 4 片真叶时就要及时摘心，每株选留 2～3 条健壮的子蔓，并将它们均匀分布，当子蔓长出 18～20 片真叶时再摘心，每根子蔓再留 2～3 条孙蔓，孙蔓坐瓜后，瓜前要留 2～3 片小叶，然后摘心，一般每株可留瓜 3～4 个。在生长期间要及时摘除多余的子蔓、孙蔓、花蕾以及茎部的老叶、病叶，一是可减少养分流失，提高坐瓜率，促进瓜膨大。二是可增强通风透光，减少病害的发生。播种后 40 天左右根浇 0.5%的氮磷钾三元复合肥和 10%腐熟人粪尿混合液，促进瓜苗生长和伸蔓。在瓜长至鸡蛋大小时，根浇 1%氮磷钾三元复合肥和 15%腐熟人粪尿混合液，促进瓜膨大。

引蔓搭架：大棚甜瓜多采用立架栽培，以充分利用棚内空间，更好地争取阳光。常用尼龙绳引蔓上爬，此架形适于密植，通风透光效果好，操作方便。待瓜长到 0.5 千克左右时要及时用塑料绳吊在果梗部，固定在大棚横拉铁丝上或用网兜兜住瓜，以防瓜重坠秧。

适时防治病虫害：病害防治应以预防为主，发现病情及时防治。

夏秋栽培主要发生病害是霜霉病和疫病,虫害主要是蚜虫和瓜绢螟。从播种到收获一般喷 3～4 次农药,农药应以低浓度、高效、安全为准。苗期喷一次保护性杀菌剂如井冈霉素、百菌清等。成株期在霜霉病、疫病发病初期用 80 亿单位的地衣芽孢杆菌水剂 800 倍液、25％络氨铜水剂 1 000 倍液、25％瑞毒霉可湿性粉剂 600 倍液、40％疫霜灵可湿性粉剂 800 倍液或 75％百菌清可湿性粉剂 500 倍液,常规喷雾,连喷 2～3 次。总之可根据病虫害发生情况进行适时喷药,生长中后期喷农药时可加 0.3％磷酸二氢钾和 0.2％硼砂混合液 1～2 次。

④ 适时采收。夏秋栽培甜瓜一般从授粉到采收需 28 天左右。当瓜散发出香味,表现出成熟的固有特性时就可采收。注意果实采收前 7～10 天停止喷药、喷叶面肥、追肥,以保证食瓜安全。

(3) 秋冬黄瓜栽培实用技术

① 品种选择。选择对低温弱光条件忍耐性强、株型紧凑、优质、高产、抗病的品种。如津杂 3 号、津杂 4 号、津春 4 号等黄瓜品种。

② 育苗定植。黄瓜于 9 月上旬育苗。甜瓜采收后,从植株基部剪断,于 10 月上旬定植黄瓜,株距 20～30 厘米,定植后覆盖地膜。在随后的管理中去掉甜瓜枯秧,引黄瓜蔓上架。

③ 田间管理。

温度调节:进入 10 月中旬后,外界气温逐渐降低,此时随着气候的变化,要合理调节棚内温度,逐渐减少放风量。白天保持 25～28 ℃,夜间维持在 15 ℃左右,低于 13 ℃时,夜间不留风口,封闭大棚,保证足够的温度,满足黄瓜生长的需要。

湿度调节:棚内的空气相对湿度大,极易发生病害。在保证温度的前提下,进行通风降低湿度,尤其是阴雨天,要进行通风。另外,在喷药、施肥和灌水的当天以及以后的 1～2 天内,在不使棚温过低的情况下,适当早揭膜、晚盖膜,以延长通风时间,使棚内空气相对湿度不会过高。

肥水管理:表土见干见湿时浇一次缓苗水。结果前以控为主,要求少灌水。进入黄瓜结瓜期,肥水供应要充足,一般是以水带肥,化肥和粪稀交替施用。结瓜盛期肥水要足,一般需追肥 2～3 次,每隔 10～15 天追施一次,每次每亩施尿素 10 千克或腐熟稀人粪尿 500～

750千克。要小水勤浇，肥料要勤施少施，严禁大水漫灌。在这个阶段，还可以进行叶面喷肥，并补充钾肥，每亩施硫酸钾肥10千克。特别是连续阴雨天，叶面喷肥可保证植株生长发育的需要，其配方为尿素0.5千克、磷酸二氢钾0.3千克、多元复合微肥0.05千克，兑水100千克，每次每亩用量25千克，每周1次，连喷2～3次。

（4）秋冬菠菜栽培技术

① 品种选择。选用耐寒、抗病、高产的菠菜品种。

② 整地播种。上茬甜瓜拉秧后及时整地播种，一般于10月中旬播种。播种前，种子经搓散后，在温水中浸泡12～24小时，洗去黏液，捞出后稍加摊晾，即可播种。播种前应深翻土地，每亩施充分腐熟的有机肥5 000千克，氮磷钾三元复合肥30千克，尿素15千克。整平地面后做平畦，一般畦宽1.2米，畦埂高10～15厘米。采用直播法，用条播的方式，播时先开浅沟，沟距12～15厘米，深约2厘米，将种子均匀点播于沟中。播后用木板刮平地面，先用脚踩一遍，然后浇大水造墒。

③ 田间管理。苗长到2～3片真叶时，进行间苗定苗，苗距3～5厘米。然后根据墒情合理浇水。结合浇水，每亩施尿素15千克。于下霜前扣上棚膜，在扣棚膜前2～3天浇水后喷1次预防霜霉病的药剂。在大棚菠菜旺盛生长后期，可喷洒磷酸二氢钾进行叶面施肥，以促其快速生长。

④ 病虫害防治。菠菜病虫害较少，虫害主要是蚜虫，病害主要有霜霉病和炭疽病。防治蚜虫可用10%吡虫啉可湿性粉剂1 000倍液，用64%噁霜·锰锌可湿性粉剂500倍液可防治霜霉病，用80%炭疽福美可湿性粉剂800倍液可防治炭疽病。

⑤ 及时收获。当株高20～25厘米时即可陆续采收。收获时要根据市场行情适时采收上市。

（三）大棚早春黄瓜（番茄）—秋延韭菜栽培

1. 番茄对环境条件的要求　　番茄属于喜温性蔬菜，发芽期要求温度在25～30℃，幼苗生长温度以白天20～25℃，夜间10～15℃

为宜。低于 10 ℃，生长缓慢，低于 5 ℃，茎叶停止生长。锻炼后幼苗可忍耐 5～6 ℃的低温。番茄在开花坐果期对温度反应最为敏感，尤其在开花前后几天内要求颇为严格。适宜的温度为白天 25～30 ℃，夜间15～20 ℃，低于 15 ℃或高于 35 ℃都不利于授粉受精，从而导致落花落果。果实发育期适宜的温度为白天 25～30 ℃，夜间 13～18 ℃。温度低时果实发育速度减缓，温度高时，果实生长速度加快，但坐果数减少。番茄根系生长要求适宜的土壤温度（5～10 厘米土层）为 10～22 ℃。

番茄是喜光、短日照植物，在由营养生长转向生殖生长的过程中基本要求短日照，但要求并不严格，有些品种在短日照下可提前现蕾开花，多数品种则在 11～13 小时的日照下开花较早，植株生长健壮。在设施生产条件下，要注意通过采取延长光照时间、选择合适的栽培方式、调整植株、每天坚持清扫棚膜上的灰尘及后墙增加反光幕等措施，增加光照，增加光合作用时间，以获得最佳的栽培效果。

番茄枝繁叶茂，蒸腾作用强盛，当植株进入旺盛生长期时需水较多，因此要注意适量浇水，但由于其根系较发达，也不必经常大量浇水，特别是番茄不需要过高的空气相对湿度，如湿度过高，会诱发多种病害，一般保持在 45%～60%为宜，可采用地膜覆盖、浇水后大通风等措施来降低湿度。结果期是需水最多的时候，应及时补充水分，避免过干过湿，否则会造成果实脐腐病、裂果、根系生长不正常或烂根死秧等。

番茄对土壤条件要求不太严格，但为获得丰产，促进根系良好发育，应选用土层深厚，排水良好，富含有机质的肥沃壤土。土壤 pH 以 6～7 为宜。番茄是喜钾作物，在氮、磷、钾三要素中对钾的需求量最多，其次是氮、磷。磷对根系生长及开花结果有着特殊作用，钾对果实膨大、糖的合成及运输有重要作用。此外还需要硫、钙、镁、锰、锌、硼等元素。

2. 早春黄瓜（番茄）—秋延韭菜栽培模式

（1）早春黄瓜（番茄）　1 月中下旬育苗，3 月上旬定植，4 月上中旬上市。平均行距 65 厘米，株距 25～30 厘米，每亩保苗 3 500～4 000 株，亩产量 10 000 千克左右。番茄在 12 月中旬温室育苗，3 月上旬定植，4 月中下旬上市。采用宽窄行起垄地膜覆盖的栽培方法，宽行 80 厘米，窄行 50～60 厘米，株距 30～40 厘米，每亩留苗2 500～3 000 株。6 月初拉秧，亩产量 8 500 千克左右。

（2）韭菜 4 月上旬育苗，7 月下旬定植，10 月上旬上市。亩产量 5 000 千克。

3. 早春黄瓜（番茄） 秋延韭菜栽培实用技术

（1）早春黄瓜栽培实用技术

① 选用良种。选择抗病、丰产、适宜当地消费习惯的早熟品种，如津杂 3 号、津春 2 号、津春 3 号、津春 4 号等（视频 10）。

② 苗床准备。早春大棚黄瓜一般采用营养钵育苗，栽 1 亩黄瓜需苗床 35 米^2 左右，苗床一般做成 8～10 米长、宽 1.2 米、深 10～15 厘米，营养土按 2/3 的园土和 1/3 的精细腐熟农家肥混合，每立方米营养土加氮磷钾三元复合肥 2.5 千克、80％多菌灵可湿性粉剂 100 克，掺拌均匀，晒干备用。一般在播种前 7 天应将苗床和营养土准备好。

视频 10
大棚早春茬
黄瓜栽培技术
要点

③ 播期。一般在 1 月中下旬播种。

④ 浸种浸芽。先用 50％多菌灵可湿性粉剂和 50％甲基硫菌灵可湿性粉剂各 10 克，加水 2 千克，浸种 20 分钟取出后清水洗净。再把种子放在 55～60 ℃的热水中消毒，要不断搅拌，15 分钟后，再换清水浸泡 2～4 小时，用清水洗净后，放于湿布袋内，在 25～30 ℃条件下催芽，经过 30 小时左右，待露白时，即可播种。

⑤ 播种。播种时间一般在 1 月中下旬。把营养土装入 10 厘米×10 厘米钵中，再把营养钵排入苗床上，钵间封严土。播前营养钵浇足底水，待水下渗后撒 0.5 厘米厚底土，随即点播催芽种子，每个营养钵点一粒种子，之后盖 0.5 厘米厚的营养土。为防治苗期病害，盖种土要拌入多菌灵等杀菌剂。播种后在苗床上用竹片做小拱架，高 0.5～0.6 米，以便覆盖薄膜和草帘保温。

⑥ 苗期管理。

温度：温度主要依靠通风和覆盖草帘等进行调节。播种至出苗应保持较高的温度，以便出苗整齐，白天 27～30 ℃，地温 22～25 ℃。正常情况下 5～7 天齐苗。齐苗至第 1 次真叶展开时，开始通风换气，白天气温保持在 20～25 ℃，夜间 15～17 ℃，此期间温度过低，会延长苗龄，易造成花打顶早衰现象，若温度过高易使幼苗徒长。定植前 7～10 天，以降温炼苗为主，白天气温保持在 15～20 ℃，加大通风、拉大昼夜温差，在定植前 3～5 天夜间气温可降至 5～7 ℃，以抵御早春低温危害。

光照：苗期以多见光为好，早晨太阳照到苗床即揭帘，下午阳光离开苗床即盖帘。

水分：苗床浇水掌握气温低不浇，床土不干不浇，午后不浇，个别处干时个别处补浇，不能轻易浇大水和全面浇水。

苗期防病：一般每隔 7～10 天喷 1 次杀菌药，喷药一般在晴天上午用药，以几种杀菌剂轮换使用效果更好。

大棚黄瓜在生产中常采用嫁接育苗，具体的嫁接育苗方法参照温室黄瓜嫁接方法（49 页）。

⑦ 整地施肥。定植前要深翻整地，每亩施农家肥 5 000～10 000 千克。在作畦前，再混施磷肥或多元复合肥 20～25 千克。黄瓜栽培一般采用宽窄行高垄定植，在畦间挖沟起垄，宽行 80 厘米，窄行 50 厘米，及时覆盖地膜，以便提温保墒。

⑧ 定植。大棚一般在 3 月上旬定植。定植前 20 天扣棚烤地增地温。定植时要求苗茎粗、节短、色深绿、根系发达、4～5 片叶、苗龄 50 天左右。定植最好在冷尾暖头天气的中午前后进行，定植时先铺地膜，按 25～30 厘米的株距开穴，放苗，浇水，覆土后地膜口要用土封严，以防漏气降温伤苗。保持棚内地面平整，上干下湿，利于降低棚内空气相对湿度。

⑨ 定植后管理。

温度控制：定植后大棚闭棚 7 天左右保温，促苗成活。白天温度控制在 28～32 ℃，夜间 18～20 ℃为宜。晴天因气温回升应揭开棚膜通风换气，阴雨天闭棚保温，至 4 月下旬，气温稳定在 15 ℃以上时即可撤膜，加强通风，促苗旺长。

根瓜采收前的管理：缓苗后为加速生长可在地膜下浇 1 次井温

水，也称缓苗水。温度以白天 25～28 ℃，夜间 15～18 ℃为宜，根瓜采收前追肥浇水，每亩追施尿素 20 千克，钾肥 15 千克。

结瓜期的管理：早春茬大棚黄瓜栽培在管理上采用"大水大肥高温促"的办法促瓜早上市。白天温度控制在 28～32 ℃，夜间温度 15～18 ℃，高温管理也能减轻病害的发生。7～10 天追肥浇水 1 次，每次每亩追施尿素 20 千克、钾肥 20 千克、磷肥 10 千克。同时要从结瓜开始进行叶面喷肥，用尿素 0.5 千克、磷酸二氢钾 0.3 千克、多元复合微肥 0.05 千克、兑水 100 千克，每次每亩用量 25 千克，每周 1 次，连喷 2～3 次。初瓜期通风降湿早打药、防病促瓜控徒长，盛瓜期光、温、湿要协调，肥水齐攻多收瓜。

人工授粉：棚内昆虫较少，要进行人工授粉。黄瓜开花当天，采下雄花花朵，使雄蕊对准雌花柱头涂抹几次，可达到授粉的目的。也可用保果素或赤霉素喷花保果，提高前期坐果率。

整枝吊蔓：可纵向拉几道（与黄瓜行数相同）铁丝，然后用尼龙绳，下边拴在黄瓜茎基部，上端活扣拴在铁丝上，瓜蔓绕绳往上攀缘，也可人工绕绳辅助攀缘。秧顶要与棚膜保持 40～60 厘米距离，过长秧要落蔓。

(2) 早春番茄栽培实用技术

① 品种选择。应选择耐低温，耐弱光、抗病性强的早熟高产品种，如金棚 1 号、百丽等。

② 播种育苗。

播种期：一般在适宜的温度条件下，番茄播种后 70 天可以达到现蕾定植的标准。大棚早春栽培一般于 3 月上旬定植，所以温室育苗的播种期安排在 12 月中旬。

播种量：选色泽好、籽粒饱满、发芽率 85％以上的合格种子，每亩用种量 20～30 克。

种子消毒：(a) 温汤浸种。用 53～55 ℃温水，浸泡 10 分钟，期间不断搅动。然后在室温下浸泡 10 小时，捞出洗净，即可催芽或直播。(b) 药剂浸种。10％磷酸三钠溶液浸泡 15～20 分钟，然后用清水冲洗干净，再用清水浸泡 4～6 小时，即可催芽或直播。

催芽：把充分吸水的种子用湿毛巾包好，放在温度为 25～28 ℃

的火炕上或电热恒温箱中。每天用自来水冲洗一次，经2～3天，大部分种子露白发芽时，即可播种。

播种：番茄育苗土应选择肥沃的大田土、腐熟的农家肥、细炉灰渣各1/3混合配成，装钵育苗，提前1～2天浇足底水，并在床面上覆盖地膜保湿。待床土温度达到20℃左右时，即可选择晴天上午播种。为预防苗期病害，可在播种前后撒药土，每平方米苗床用50%多菌灵可湿性粉剂7～8克，与100倍细土调匀，在播种前后各撒一半。播种后种子上面覆土厚度为1厘米左右，最后床面用地膜覆盖增温保湿。

苗期管理：播种后提高室温，促使迅速出苗。苗床温度白天保持在25～30℃，夜温保持在20℃以上。幼苗出齐后应适当通风，增加光照，进行降温管理。水分管理上，前期一般不用浇水，中后期如有缺水卷叶现象，可适当点水。灌水后要根据苗子长势，加强通风锻炼，使床内温度不超过25℃，这样苗子的生长与花芽分化才会协调进行。

定植前1周，是幼苗主要生长期，白天温度保持在18～20℃，夜间13～15℃。管理上要适当早揭苫晚盖苫，尽量增加光照时间。定植前1周要进行炼苗，白天温度15～20℃，夜间温度10～12℃。

壮苗标准：株高22～25厘米，茎粗0.6厘米以上，7～8片展开叶，叶片肥厚，叶深绿色，第1花序现花蕾，秧苗根系发育良好，无病虫害。

③ 定植。

定植前的准备：彻底清除前茬作物的枯枝烂叶，进行深翻整地，改善土壤理化性质，保水保肥，减少病虫害。定植前要施足底肥，一般每亩施5 000千克有机肥，有机肥应充分腐熟。

定植期及定植方法：（a）定植期。棚内10厘米地温稳定在10℃左右即可定植，一般于3月上中旬定植，定植时间应选择在晴天上午。如果采用多层覆盖，可于2月下旬定植。定植前20天左右扣膜，提高棚内地温，利于番茄定植后缓苗。（b）定植方法。定植采用宽窄行起垄地膜覆盖的方法，宽行80厘米，窄行50～60厘米，株距30～40厘米，每亩留苗2 500～3 000株。按宽窄行起好垄，于垄内挖沟，垄上覆盖地膜，按株距开穴。于穴内浇水，待水渗下后，把苗坨放入穴内，埋土封穴。此法地温高，土壤不板结，幼苗长势强。卧栽法用于徒长的番茄苗或过大苗定植。栽时顺行开沟，然后将幼苗根部及徒长的根茎贴于沟底卧栽。此法栽后幼苗高低一致，茎部长出不定根，可增大番茄吸收面积。

④ 定植后管理。

温度：早春大棚番茄定植后一段时间内，由于外界温度低，应以保温增温为主，夜间棚内可采用多层覆盖。缓苗后，棚内气温白天保持在 25～30 ℃，夜间保持 15～20 ℃。随着气温回升，晴天阳光充足时，室温超过 25 ℃要放风，午后温度降至 20 ℃闭风，防止夜温过高，造成徒长。番茄开花期对温度反应比较敏感，特别是开花前 5 天至开花后 3 天，低于 15 ℃和高于 30 ℃都不利于开花和授粉受精。结果期，白天适温 25～28 ℃，夜间适温 15～17 ℃，昼夜温差在 10 ℃为宜，空气相对湿度 45％～60％，土壤相对含水量 85％～95％。果实接近成熟时，棚温可稍提高 2～3 ℃，加快果实红熟。但挂红线后不宜高温，否则会影响茄红素的形成，不利着色而影响品质。为保持适宜温度，当夜间最低温度不低于 15 ℃时，可昼夜通风换气。

浇水：（a）定植水。不宜浇大水，以防温度低、湿度大，缓苗慢、易发病。（b）缓苗水。在定植后 5～7 天视苗情，选晴朗天气的上午浇暗水（水在地膜下走）或在定植行间开小沟或开穴浇水。第 1 花序坐果前，土壤水分过多，易引起徒长，造成落花，因此，定植缓苗后，要控制浇水。（c）催果水。第 1 穗果长至核桃大小时浇 1 次足水，以供果实膨大。（d）盛果期水。盛果期番茄需水量大，因气温、棚温高，植株蒸腾量大，应增加浇水次数和灌水量，可 4～5 天浇 1 次水。浇水要匀，切勿忽干忽湿，以防裂果。

追肥：一般追两次催秧促果肥。第 1 穗果实膨大（如核桃大）、第 2 穗果实坐住时追施，每亩用尿素 20 千克与豆饼 50 千克混合，离根部 10 厘米处开小沟埋施后浇水，或每亩随水冲施腐熟人粪尿250～500 千克。第 2 穗果实长至核桃大时进行第 2 次追肥，每亩混施尿素 20 千克加硫酸钾 10 千克。还可结合病虫害防治喷洒 0.5％的磷酸二氢钾叶面肥，对促进坐果和早熟有明显的作用。

搭架和绑蔓：留 3～4 穗果时多采用竹竿或秸秆为架材；留 5～8 穗果时视大棚结构的结实程度，可以采用绳吊蔓。温室内一般搭成直立架，便于通风透光，一般每穗果下绑蔓一次。

植株调整：在番茄生长过程中必须及时打杈、搭架、绑蔓、疏花果、打老叶，否则植株生长过旺，田间通风透光条件差，湿度大，容易导致大田生长期晚疫病的发生和蔓延。（a）整枝打杈。根据预定要保留的果穗数目进行。当植株达到3～4穗或5～8穗果时掐尖，在最后一穗果的上部要保留2片叶。留3～4穗果可采取单干整枝，只保留主干，摘除全部侧枝。留5～8穗果可采取双干整枝，除主枝外，还保留第1花序下的侧枝。整枝打杈宜在下午进行，整枝的当天必须用25％雷多米尔可湿性粉剂1 000倍液进行喷洒，防止病菌从伤口侵入。（b）保花保果与疏花疏果。前3穗花开时，需涂抹2,4‑D或用防落素等蘸花处理，可在药液中加入红墨水做标记。每穗留3～4个果，当畸形果和坐果过多时，要及时采取疏果措施。（c）摘心。根据需要，当植株第3～4穗、第5～6穗或第7～8穗花序甩出，上边又长出2片真叶时，把生长点掐去，可加速果实生长、提早成熟。（d）打老叶。到生产中后期，下部叶片老化，失去光合作用，影响通风透光，可将病叶、老叶打去，并深埋或烧掉。

⑤采收。在果实成熟期，根据市场、不同的品种和商品需求适时采收，采摘下部果面转红至全部转红的果实，及时出售。采收过程中所用工具要清洁、卫生、无污染。

（3）秋延韭菜栽培实用技术

①选用良种。选用高产、优质、抗逆性强的韭宝等品种。

②养根。育苗移栽养根株比直播株长势好、均匀、产量高。早春化冻后及早播种，播前每亩施优质腐熟农家肥5 000～8 000千克，平畦撒播，播后覆土并覆盖地膜保墒增温，促进早出苗，苗出齐后及时撤膜。只有韭菜鳞茎贮有大量的营养，在延迟栽培中才会有较高的产量。幼苗长出3～4片叶时移至大棚。一般在6—7月前茬果菜腾茬后，整地施足有机肥，按行距30～35厘米开沟，沟底宽10厘米撮栽，撮距3～4厘米，每撮15株左右。移栽后浇水促缓苗，为保土壤湿润，见干后要及时浇水。8月中旬至10月中旬是韭菜生长适期，也是肥水管理的关键时期，此时期应追肥两次。8月上旬在韭菜将要旺盛生长时进行第1次追肥，每亩施腐熟的饼肥或人粪尿200～500

千克，施入追肥后浇一次大水，以后每隔 5～6 天浇一水，每隔两水追一次肥，每亩追施复合肥 15 千克，随天气转凉要减少浇水次数，保持土表面见干见湿，当外界气温降至 5～10 ℃时停止浇水追肥，为使鳞茎养分充足，秋季一般不收割。

③ 棚内管理。在塑料薄膜覆盖前 15 天收割韭菜一次，待新韭叶长出 3 厘米时追复合肥，亩施量 15～20 千克，并及时浇水，然后覆盖塑料薄膜，如果市场不紧缺，也可在盖塑料薄膜后立即收割第 1 刀。收割和覆盖不可过晚，以免因外界低温使韭菜休眠，达不到延迟栽培的目的。覆盖初期外温较高，必须加强放风，防止徒长，可把四周的塑料薄膜大部分掀开，促使空气对流，温度保持白天不超过 25 ℃，夜间不低于 10 ℃，后期随外界气温下降，逐渐缩小通风口，减少通风时间。根据土壤情况及时浇水，保持土壤见干见湿，每收割一刀后，待新叶长出 3～4 厘米时追一次肥，亩施复合肥 15～20 千克。

在覆盖后 20～30 天即可收割第 2 刀，约在 11 月上中旬。第 1 刀是秋季生长的成株，第 2 刀在大棚中适宜的条件下长成，故前两刀产量较高。第 3 刀韭菜长期处在光照弱、日光照时间短、温度低的条件下，产量较低。每次收割都应在适当位置下刀，最好在鳞茎上 5 厘米处收割，最后一次收割，可尽量深割，因为割完就刨除韭根。具体技术参照大棚韭菜栽培（视频 11）。

视频 11
大棚秋延后
韭菜栽培技术
要点

（四）大棚早春丝瓜栽培

1. 丝瓜对环境条件的要求　丝瓜属喜高温、耐热力较强的蔬菜，但不耐寒。植株生长发育的适宜温度是白天 25～28 ℃，夜间 12～20 ℃，15 ℃以下生长缓慢，10 ℃以下生长受到抑制，基本停止生长，5 ℃以下常受寒害。5 ℃是丝瓜成株期的临界温度。

丝瓜属短日照植物，在短日照条件下能促使提早结瓜，坐根瓜的节位低，而给予长日照，结瓜期延迟，根瓜的节位提高。丝瓜在抽蔓期以前，需要短日照和稍高温度，有利于茎叶生长和雌花分化形成，而在开花结瓜期是植株营养生长和生殖生长并进时期，需要较强的光照，有利于促进营养生长和开花结瓜。

丝瓜喜潮湿、耐涝、不耐干旱，一生需要充足的水分条件。它要求土壤相对含水量较高，当土壤相对含水量达 65%～85%时适宜丝瓜生长。丝瓜要求中等偏高的空气相对湿度，在旺盛生长时期所需的最低空气相对湿度不能低于 55%，适宜空气相对湿度为 75%～85%。

丝瓜根系发达，对土壤的适应性较强，对土壤条件要求不严，在一般土壤条件下都能正常生长。但以土层深厚、土质疏松、有机质含量高、肥力强、通气性良好的壤土和沙壤土栽培最好。丝瓜的生长周期长，需较高的施肥量，特别在开花结瓜盛期，对钾肥、磷肥需求量更大。所以在栽培大棚丝瓜时，要多施有机肥、磷素化肥和钾素化肥作基肥，氮素化肥不宜施的过多，以防引起植物徒长，造成延迟开花结瓜和化瓜。进入结瓜盛期，要增加速效钾、氮化肥供应，促使植株枝繁叶茂，生长苗壮，结瓜数量增多。丝瓜不耐盐碱，忌氯，不可施氯化钾肥。

2. 早春丝瓜栽培模式　大棚早春丝瓜于 1 月底至 2 月上旬采用温室营养钵或穴盘播种育苗，3 月上中旬定植。采用宽行 70 厘米，窄行 60 厘米栽植，株距 30 厘米，每亩栽 3 400 株左右。如果管理得当，采收期能达到 8 月甚至 10 月。亩产量达 5 000 千克以上，亩收入 2 万元左右。具体技术参照温室丝瓜栽培（视频 12）。

视频 12
日光温室越冬
茬丝瓜管理

3. 早春丝瓜栽培实用技术　丝瓜为一年生的攀缘草本植物，根系比较发达，再生、吸收能力强。茎蔓性，主蔓长 4～5 米，有的长达 10 米以上，分枝能力强，每节有卷须。叶掌形或心脏形。雌雄异花同株，果短圆柱形至长圆柱形，有棱或无棱，表面有皱格或平滑。

丝瓜具有耐热怕冷，耐湿耐涝的特性。生长适宜温度为 18～24 ℃，在 20～30 ℃以内，温度越高，生长越迅速，温度低于 20 ℃，特别是 15 ℃左右，生长缓慢，10 ℃以下生长受到抑制。

（1）主要品种　大棚丝瓜宜选用植株生长旺盛、耐寒、适应性强的品种，如五叶香丝瓜、上海香丝瓜、长沙肉丝瓜、湘潭肉丝瓜、早优1号、新早冠406、兴蔬美佳、兴蔬早佳等。

（2）播种、育苗 适期早播，培育壮苗。于1月底至2月上旬采用温室营养钵或穴盘播种育苗。

丝瓜的种皮较厚，播种前应先浸种催芽。播前晒1～2天，再用10%磷酸三钠溶液浸泡20分钟，或采用50～60℃热水烫种10～15分钟。然后用清水浸泡24小时，取出用湿布包好放在30～32℃的恒温条件下保湿催芽24～36小时，每天用清水淘洗1～2次，种子露白后即可播种。

① 营养钵育苗。前一天用地下水浇透营养钵体，每钵播一粒，种子平放。播种深度一般为1.5～2厘米。然后加盖细潮营养土，撒药土，覆盖地膜。

② 穴盘育苗。将50孔穴盘摆平，上铺有机基质，用手指打孔穴深2厘米左右，每穴播种1粒，种子平放，再覆基质、药土，浇透水，上覆地膜。

③ 苗床管理。出苗前覆膜密封保温，棚温保持在30℃左右为宜，当一半以上幼芽开始破土时，除去地膜，棚温控制在25℃左右，夜间保持20℃左右。当幼苗第1片真叶破心后可提高棚温，白天保持在27～30℃，夜间20℃左右。棚上夜间加盖草帘，白天太阳出来后揭去。

出苗前若发现床土较干，揭开缺水地方的地膜，可喷适量温水（30℃左右），喷后再轻轻盖上地膜。出苗后应使土壤湿度保持在田间最大持水量的85%左右。穴盘育苗需注意经常补水，当穴盘基质发干时即应补充水分，一般1～2天浇水1次。苗期基质湿度以40%～60%为宜，空气相对湿度以60%～79%为宜。苗期在保证不徒长的情况下可适当追肥，可用腐熟的稀薄人粪尿或0.1%尿素追施1～2次。

移栽前7天逐步通风炼苗。

（3）施足基肥、高度密植 丝瓜对于土壤的要求不严格，但以肥沃、有机质丰富的土壤为宜。整地时施足基肥，一般每亩施优质有机肥5 000千克，磷酸二铵60千克，深翻整平，按窄行60厘米，宽行70厘米做成小高畦，按株距30厘米刨坑浇水定植，覆盖地膜。每亩3 400株左右。

3月上中旬当地表下15厘米地温稳定在15℃以上，冷尾暖头晴天10—15时定植。

（4）棚间管理

① 调整好温度和光照。定植后用小拱棚覆盖7天左右，少通风，提高棚内温度，促进提早活棵。丝瓜在整个生长期都要求有较高的温度，生长适宜温度为18~24℃，果实发育适宜温度为24~28℃。管理中，白天大棚内温度保持在25~30℃，夜间保持在18℃左右。在丝瓜抽蔓前，可利用草苫适当控制日照时间，以促进茎叶生长和雌花分化。在开花结果期，要适时揭开草苫，充分利用阳光提高温度。

② 搭架引蔓。苗高20厘米时，插支架，搭成高2米左右的人形架，放蔓后及时引蔓、绑蔓。为减少架杆占据空间和遮阳，可用铁丝或尼龙绳等直接系在大棚支架上，使其形成单行立式架，顶部不交叉，按原种植行距和密度垂直向上引蔓。蔓上架后，每4~5片叶绑一次，可采用S形绑法。

③ 及时摘除侧蔓和卷须。在植株长到中期时，应隔株从根部剪断让其停止生长和适当剪去部分老蔓、雄花和小侧蔓，确保田间通风透光，标准掌握在架下面可见到零碎的光斑。

④ 合理追肥。第1雌花授粉坐果后，距根部两侧各30厘米左右开穴，每亩施尿素25千克、腐熟饼肥50千克、氮磷钾三元复合肥20千克作果肥，促进瓜果膨大。第1批瓜采收后每亩追施尿素18千克作接力肥。

⑤ 防治畸形瓜、提高商品率。结瓜时，发现部分幼瓜生长弯曲或有卷须缠绕后，应及时在幼弯瓜下面吊一块小瓦片，使其逐渐长直，或将卷须去除，以提高瓜的商品率。还可根外喷磷酸二氢钾营养液来提高商品率。

⑥ 适时浇水追肥。丝瓜苗期需水量不大，可视墒情适浇小水1~2次，当蔓长到5厘米左右时，结合培土，浇大水一次。开花结果以后，一般7~8天浇1次水。

⑦ 保花保果。用2,4-D涂花，可减少落花，显著提高坐果率。既可用毛笔蘸液涂于雌花柱头及花冠基部，也可直接把花在药液中浸

蘸一下（要注意药液配制浓度，以免用量不当，产生畸形果）。涂抹时间应在 8 时左右，或采用人工授粉，时间一般在 7—10 时，将雄花的花粉均匀涂在雌花柱头上。每朵雄花授 3 朵左右的雌花。

(5) 采收 一般雌花开放后 9～12 天就可采收上市。采收盛期应每隔 1 天采收 1 次。采摘宜在早晨进行，采收一般至 8 月中下旬结束，如果管理得当，采收可延至 10 月甚至下霜前为止。

（五）大棚早春马铃薯—夏白菜—秋番茄栽培

1. 马铃薯对环境条件的要求 马铃薯又名土豆、洋芋、山药蛋等，属茄科茄属的一年生草本植物，原产于南美洲、秘鲁及智利的高山地区。马铃薯具有高产、早熟、用途广泛的特点，又是粮菜兼用型作物，在其块茎中含有大量的淀粉和较多的蛋白质、无机盐、维生素，既是人们日常生活中的重要食品原料，也是多种家畜、家禽的优良饲料，还是数十种工业产品的基本原料。另外，其茎叶还是后茬作物的优质底肥，相当于紫云英的肥效，是谷类作物的良好前茬和间套复种的优良作物。

马铃薯喜凉爽，要求肥沃、疏松、透气良好、适宜块茎生长膨大的沙质土壤。通过休眠的马铃薯，当温度达到 5 ℃时开始发芽，但极为缓慢，适宜幼芽生长的温度为 13～18 ℃，适宜茎伸长的温度为 18 ℃，适宜叶生长的温度为 16～21 ℃，超过 29 ℃或降至 7 ℃以下茎停止生长，适宜块茎生长的土温为 15～18 ℃，夜间较低的气温比土温对块茎形成的影响更重要，植株处在土温 18～20 ℃的情况下，夜间气温 12 ℃能形成块茎，夜间气温 23 ℃则无块茎。马铃薯出苗期要求土壤相对含水量 50%～60%，幼苗期要求土壤相对含水量 60%～70%，低于 40%茎叶生长不良，发棵期要求土壤相对含水量 70%～80%，结薯期要求土壤相对含水量保持在 80%，保持土壤见干见湿，收获时土壤相对含水量需降至 50%左右。

马铃薯是喜光作物，长日照对茎叶生长和开花有利，短日照有利于养分积累和块茎膨大。幼苗期短日照、强光和适当高温，有利于发根、壮苗和提早结薯；发棵期长日照、强光和适当高温，有利于建立强大的同化系统；结薯期短日照、强光和较大昼夜温差，有利于同化产物向块茎运转，促使块茎高产。

2. 早春马铃薯—夏白菜—秋番茄栽培模式

(1) 早春马铃薯 中原地区保温性较好的三膜大棚可于1月中旬前后播种，中拱棚双膜栽培可于2月初播种，小拱棚双膜栽培可于2月中下旬播种。在5月初至6月初择机收获上市。一般亩产2 500～3 500千克。

(2) 夏白菜 夏白菜6月上旬直播，或5月中下旬播种育苗，6月中旬定植，7月底采收完毕，一般亩产2 500千克。

(3) 秋番茄 7月中下旬育苗，8月上旬定植，9月中旬上市，11月中旬拉秧。一般亩产3 500～4 500千克。

3. 早春马铃薯—夏白菜—秋番茄栽培实用技术

(1) 早春马铃薯栽培实用技术

① 选种和种薯处理。

选种：选用适宜春播的脱毒优良品种薯块作种薯。薯块要具备该品种特性，皮色鲜艳、表皮光滑、无龟裂、无病虫害。

切块：催芽前1～2天，将种薯纵切成20～25克的三角形小块，每块带1～2个芽眼，一般每千克种薯能切50～60块。切块时要将刀用3%碳酸水浸泡5～10分钟消毒。也可选用50克左右的无病健康的小整薯直播，由于幼龄的小整薯生活力强，并且养分集中减少了切口传染病害的机会，所以有明显的增产效果。

催芽：在播种前25～30天，一般在1月下旬把种薯置于温暖黑暗的条件下，持续7～10天促芽萌发，维持温度15～18 ℃。空气相对湿度60%～70%，待萌发后给予充足的光照，维持12～15 ℃的温度和70%～80%的空气相对湿度，经15～20天绿化处理后，可形成长0.5～1.5厘米的绿色粗壮苗，同时也促进了根的形成及叶、匍匐茎的分化，播种后比没催芽的早出土15～20天。

激素处理：秋薯春播或春薯秋播，为打破休眠，促进发芽，可把切块的种薯放在0.5%～2%的赤霉素溶液中浸5～10分钟，整薯可用5%～10%的赤霉素溶液浸泡1～2小时，捞出后播种。催过芽的种薯如果中下部芽很小，也可用0.1%～0.2%的低浓度赤霉素溶液浸种 10 分钟。

② 整地与播种。

施足底肥：马铃薯不宜连作，也不宜与其他茄科蔬菜轮作。一般在秋作物收获后应深翻冻垡，开春化冻后亩施优质有机肥 3 000 千克以上，氮磷钾三元复合肥 25～30 千克，并立即耕耙，也可把基肥的一部分或全部开播种沟集中施用，以充分发挥肥效。

适期播种：保温性较好的三膜大棚春马铃薯可于 1 月中旬前后播种，中拱棚双膜栽培可于 2 月初播种，小拱棚双膜栽培可于 2 月中下旬播种。播种有播上垄、播下垄和平播后起垄等播种方式。播下垄栽培，方法是按行距开沟，沟深 10～12 厘米，等距离放入种薯、播后盖上 6～8 厘米厚的土粪，然后镇压，播后形成浅沟，保持深播浅盖，此种植方式，可减轻春旱威胁，增加结薯部位和结薯数，利于提高地温，及早出苗。近年来采用的播上垄地膜覆盖栽培，也可使幼苗提前出土，增产效果显著。

③ 合理密植。适宜的种植密度应根据品种特性、地力及栽培制度而定。应掌握一穴单株宜密，一穴多株宜稀；早熟品种宜密，晚熟品种宜稀的原则，一般 80 厘米宽行，40 厘米窄行，种植 2 行，株距 20～25 厘米，亩栽植 4 000～4 500 株。

④ 田间管理。

出苗前管理：此期管理重点是提高地温，促早出苗，应采取多次中耕松土、灭草措施，尤其是阴天后要及时中耕。出苗前若土壤干旱应及时灌水并随即中耕。

幼苗期管理：此期管理的重点是促扎根发棵，应采取早中耕、深锄沟底、浅锄沟壁、浅覆土的措施，苗高 6～10 厘米时应及时查苗补苗，幼苗 7～8 片叶时对个别弱小苗结合灌水偏施一些速效氮肥，以促苗齐苗壮，为结薯奠定基础。地膜覆盖栽培的出苗后应及时打孔破膜。

发棵期管理：此期管理的重点是壮棵促根，促控结合，既要促幼苗健壮生长，又要防止茎叶徒长，并及时中耕除草，逐渐加厚培土层，结合浇水亩施尿素 5～10 千克，根据地力苗情还可适当追施一些磷钾肥。

结薯期管理：此期的管理重点是控制地上部生长，延长结薯盛期，缩短结薯后期，促进块茎迅速膨大。显蕾时应摘除花蕾浇一次大水，进行 7～8 天蹲苗，促生长中心向块茎转移。有疯长苗头时可用激素进行叶面喷洒，以控制茎叶生长。蹲苗结束后结合中耕，进行开深沟高培土，以利结薯。此时已进入块茎膨大盛期，为需肥需水临界期，需加大浇水量，经常保持地面湿润，可于始花期至谢花期连续浇水 3～4 次，结合浇水追肥 2～3 次，以磷钾肥为主，配合氮肥，每亩每次可追氮磷钾三元复合肥 10～20 千克。结薯后期注意排涝和防止叶片早衰，可于采收前 30 天用 0.5%～1% 的磷钾二氢钾溶液进行根外追肥，每隔 7～10 天一次，连喷 2～3 次。

⑤ 收获。马铃薯可在植株大部分叶由绿转黄，达到枯萎，块茎停止膨大的生理成熟期采收，也可根据需要在商品需要时采收。收获时要避开高温雨季，选晴天进行采收，采收时应避免薯块损伤和日光暴晒，以免感病，影响贮运。

（2）夏白菜栽培实用技术　参照日光温室夏白菜栽培管理（66 页）。

（3）秋番茄栽培实用技术　大棚秋延后番茄是夏播秋收栽培，生育前期高温多雨，病毒病等病害较重，生育后期温度逐渐下降，又需要防寒保温，防止冻害。

① 品种选择。应选择抗病性强、早熟、高产、耐贮藏的品种。目前生产上的常用品种有特罗皮克、佛罗雷德、佳粉 1 号、世诚116、强丰、黛西、L401、郑番 2 号、牟番双抗 1 号等，各地应结合本地特点具体选择。

② 适时播种培育壮苗。大棚秋番茄如播种过早，苗期正遇高温雨季，病毒病发生率高，播种过晚，生育期不足，顶部第 3 穗果实不能成熟。适宜播期应在当地气温达到 −5 ℃ 左右的时期向前推移 110 天左右为宜。北京地区以 7 月 10 日前后为宜，辽宁和吉林地区以 6 月中下旬为宜，河南、山东等地以 7 月中下旬为宜。如每株只留两穗果，适宜的播期可以向后延 4～5 天。

大棚番茄栽培可以直播，也可以育苗移栽。直播栽培根系不受损伤，植株生长健壮，单产较高，但前期中耕松土和喷药防治病虫害比较费工。大棚秋番茄育苗移栽可以采用小苗移栽，也可采用育大苗移栽。小苗移栽一般在小苗两叶一心时，将小苗带土栽进大棚，苗龄15～18天，这时植株二级侧根刚刚伸出，定植时伤根少，易缓苗。小苗定植浇水要及时，否则土壤易板结而"卡脖"掉苗。大苗移栽是目前生产上普遍采用的形式。育苗时在小苗2～3片叶时进行一次移苗（分苗），苗长到5～6片叶，日历苗龄25天左右时，割坨定植或去掉营养袋定植。这种方法的优点是苗期便于集中管理，定植晚，有利于轮作倒茬，但晚定植病害较重。实际生产上大棚秋番茄采用直播或小苗移栽，往往比育大苗移栽对高产稳产更为有利。番茄越夏育苗可选用50孔穴盘，基质育苗，采用遮阳网进行遮阳，要做好防虫工作，以减轻病虫害，有利于培育壮苗。定植前一周，叶面喷洒5毫克/千克多效唑溶液一次。

③ 施足底肥，科学起垄定植。定植前清洁田园，整地施足底肥。一般亩施腐熟农家肥5 000千克左右，氮磷钾三元复合肥35～40千克。秋番茄采用起垄栽培，宽行80厘米，窄行50厘米，土地深耕细耙后，沿窄行开沟，沟宽40～50厘米，沟深15～20厘米，将肥料均匀施到沟内，然后回填土，以施肥沟为中心，做两个相距50厘米、高15厘米的垄，把苗定植在垄上。定植密度一般比春提早栽培大，一般株距40～45厘米，亩定植2 200～2 300株。定植选阴天或傍晚进行，采用浇"坐窝水"的方法定植，定植深度不超过原基质面1厘米，定植后及时浇透水，以利缓苗。

④ 定植后的管理。

中耕培土覆膜：定植后要加强通风、降温。定植3～5天后及时中耕培土，幼苗培土高度不低于5厘米。然后铺设滴灌带和覆膜。

温度和光照管理：前期要防强光暴雨，有条件的在大棚膜外覆盖遮阳网降低温度，大棚内既要保持土壤经常湿润，蒸发降温，又要保证通风换气。9月中旬以后，外界气温开始下降，要注意夜间保温，当棚外最低气温降至12℃左右时，注意及时关闭通风口，采用最小露点温差管理法管理。

肥水管理：在施足底肥浇足定植水的基础上，开花坐果期和果实膨大期应注意加强肥水管理，可酌情追两次肥，随即浇水，特别是盛果期浇水要足要匀，切勿忽干忽湿，出现裂果。

植株调整：如植株徒长，应及时喷洒矮壮素。花期及时喷或蘸防落素等坐果激素，及时整枝、打杈，一般采用单干整枝，每株留3穗果左右，最上部果穗上留2～3片叶摘心，侧枝及时摘除。

保花保果与疏花疏果：在每花序开花2～3朵时，用30～40毫升/升的防落素喷花，或用吲哚乙酸300毫升/升＋赤霉素30毫升/升＋维生素C 180毫升/升蘸花，每个花序留果3～4个。

打老叶：当第1穗果果实定个后，及时打掉下部老叶，此后上部果实整穗果定个后，及时打掉下部老叶。

采收和贮藏：大棚秋番茄果实转色以后要陆续采收上市，当棚内温度下降到2℃时，要全部采收，进行贮藏。一般用简易贮藏法，贮藏在经过消毒的室内或日光温室内。贮藏温度要保持在10～12℃，空气相对湿度70％～80％，每周翻动1次，并挑选红熟果陆续上市。秋番茄一般不进行乙烯利人工催熟，以延长贮藏时间，延长供应期。

五、小拱棚蔬菜生产模式与技术

（一）小拱棚西瓜‖冬瓜—大白菜栽培

1. 冬瓜、大白菜对环境条件的要求

（1）冬瓜 冬瓜喜温耐热，怕寒冷，不耐霜冻。生长发育的适温范围为 20～30 ℃，抽蔓期和开花结果期生长适温为 25 ℃。

冬瓜属于短日照植物，在正常的栽培条件下，每天有 10～12 小时的光照可满足其需要。

冬瓜是喜水、怕涝、耐旱的蔬菜，果实膨大期需消耗大量水分。冬瓜的根系发达，吸收能力很强，根系周围和土壤深层的水分均能吸收，所以有较强的耐旱能力。冬瓜在不同的生育时期，需水量有所不同，一般植株生长量大时，需水量更大，特别是在定果以后，果实不断增大、增重，需水量更多。

冬瓜对土壤要求不太严格，适应性广，但又喜肥。以肥沃疏松、透水透气性良好的沙壤土生长最理想。冬瓜有一定的耐酸耐碱能力，适宜的 pH 为 5.5～7.6。冬瓜整个生育期需氮最多，钾次之，磷稍少。

（2）大白菜 大白菜为半耐寒蔬菜，生长适温为 10～22 ℃。发芽期和幼苗期的温度以 20～25 ℃为宜，莲座期温度以 17～22 ℃为宜。结球期对温度的要求最严格，日均温度以 10～22 ℃为宜，15～22 ℃最佳，高于 25 ℃生长不良，10 ℃以下生长缓慢，5 ℃以下停止生长。

大白菜营养生长阶段必须有充足的光照，光照不足则会导致减产。

大白菜蒸腾量大，对土壤水分要求较高。幼苗期需水不多，但不

能缺墒。莲座期需水较多，但需酌情蹲苗中耕。结球期需水量最大，应经常保持地面湿润。空气相对湿度则不宜太高，保持在70%左右即可。

大白菜生长速度快，产量高，需肥较多，最好用土层深厚，有机质多，便于排灌的沙壤土、壤土栽培。对于氮肥的施用，既不能不足，也不能偏施，否则都会影响产量和品质。

2. 西瓜‖冬瓜—大白菜栽培模式

(1) 西瓜 春季小拱棚覆盖栽培。2月下旬在温室播种，地热线加温育苗，苗龄35天左右，4月上旬定植，覆盖地膜，加盖小拱棚（小拱棚竹竿间距1米左右）。6月中旬上市。作畦时畦宽1.6米左右，栽植一行西瓜，株距50厘米左右，亩栽600多株，一般亩产2 500千克左右。

(2) 冬瓜 冬瓜与西瓜同一时期播种，同一时期定植。定植时每隔三株西瓜定植一株冬瓜，株距1.5米左右，亩栽280株左右。7月底至8月上旬当冬瓜果皮上茸毛消失，果皮暗绿色或布满白粉时，应及时收获，一般亩产4 000千克左右。

(3) 大白菜 选用高产抗病耐贮藏的秋冬品种。采用育苗移栽的方法，于8月上中旬播种育苗，9月上旬于冬瓜收获后整地起垄移栽定植。行距70厘米，株距45厘米，亩栽2 100株左右。于11月中下旬上冻前收获，一般亩产4 000~5 000千克。

3. 西瓜‖冬瓜—大白菜栽培实用技术

(1) 西瓜栽培实用技术

① 栽培季节与品种选择。春季早熟栽培可安排在2月底至3月初播种育苗，3月底至4月初定植，6月上中旬即可收获上市。选择早熟优质西瓜品种。

② 播前准备。营养土配制选取肥土60%~70%，腐熟有机肥30%~40%，按比例混合均匀后，加硫酸钾复合肥1.5千克/米^3、50%多菌灵可湿性粉剂100克/米^3、90%敌百虫原药100毫升/米^3（兑水均匀喷雾），拌匀后起堆，盖塑料薄膜密封沤堆。

营养钵钵体高10厘米、直径8厘米，于温室内整齐摆好，空隙用细土或沙土填满。将种子倒入55℃温水中，不断轻轻地搅拌，温度降至 30 ℃时，再浸种 6～8 小时，捞起用湿纱布包好放在 28～30 ℃的环境中催芽，每隔 12 小时用 30 ℃温水冲洗种子 1 遍，种子露白即可播种。播种前将营养钵淋透水，播种时将种子平放，每个营养钵播种 1 粒，上盖 1 厘米厚疏松细土或沙土，浇足水后盖 1 层膜保湿，封严压实，搭盖小拱棚。

③ 培育壮苗。采用温室营养钵育苗。出苗前不要轻易揭膜，白天保持温度在 30～35 ℃，夜晚保持 15～20 ℃，待有 70%种子出苗时及时揭开地膜。西瓜苗出土后注意床内的温、湿度管理，主要是通过及时揭、盖膜进行调节，出苗后温度白天保持 25～30 ℃，夜晚保持 18～20 ℃。苗出齐后白天应逐渐通风，防止高温高湿情况下幼苗徒长。随着气温的升高，通风口可不关闭。棚内要配置温度计，根据温度通风，以确保及时调整棚内温度。苗床水分管理以保持营养土不现白为宜。过干时喷 0.2%复合肥补水增肥，浇水在晴天上午进行，时间以晴天的 16 时前为宜。过湿时应于晴天揭膜通风排湿，阴天撒干土吸湿，达到表土干爽不现白为度。定植前 5～7 天，幼苗有 2～3 片真叶时低温炼苗，选晴天浇施 1 次 0.5%复合肥做送嫁肥，以备移栽。

④ 整地定植。宜选择背风向阳、地势高燥、土壤肥沃、富含有机质、排灌方便、4～6 年未种过瓜类的田块，深耕翻晒 30 天以上，整畦施肥。每亩施腐熟农家肥 3 000 千克、硫酸钾复合肥 40 千克作基肥。定植后浇 1 次定植水，覆盖地膜，用土封严定植穴及地膜封口，并搭盖小拱棚。

⑤ 田间管理。定植后至揭小拱棚膜前，膜边埋伸蔓肥，施用硫酸钾复合肥每亩 15 千克、碳酸氢铵每亩 20 千克。重施膨瓜肥是增产的主要措施，在 70%瓜有鸡蛋大小时追施膨瓜肥，在距植株根部 30～50 厘米处每亩条施或穴施尿素 10～20 千克、硫酸钾 15～20 千克、腐熟菜饼肥 30 千克，追肥后根据天气情况浇足膨瓜水。开花后结合病虫害防治喷施叶面肥，用 0.2%～0.5%磷酸二氢钾每隔 7～10 天喷雾 1 次。挂果后一直保持畦面湿润，表土见黑不见白，雨后及时排除积水，遇干旱及时灌溉。成熟前 10 天左右停止浇水。

定植后 10～15 天，瓜蔓长到 30～50 厘米时，在晴天下午用土块压蔓，以后每隔7～8片叶压蔓一次。压蔓时在雌花位置的瓜蔓下面，用草将瓜蔓垫起，然后在前方压蔓，这样雌花与地面有一定距离，便于坐瓜。西瓜伸蔓后，一般晴天9时揭膜，15时盖膜。雨天、阴天不揭膜。如遇持续阴雨应在棚膜两侧留15厘米高的空隙透气。采用双蔓整枝，当主蔓长60～80厘米时，将基部分枝去掉，在第3～5片叶的叶腋内分枝中选1条培养成侧蔓，其余的一律抹除。整枝定蔓后要经常性抹芽，一直到坐瓜后才能停止，留瓜节位可选在主蔓第2至第3节位，侧蔓第2节位，每株选留2～3个瓜。授粉在每天6时至10时进行，选择植株长势中等、刚开的大型雄花，连同花柄摘下，将花瓣外翻，露出雄蕊，将花粉轻轻涂抹在正开花的雌花柱头上，应选子房大、花朵小，花梗弯曲、粗长、柱头标准的雌花。1朵雄花可给2～4朵雌花授粉。留二茬瓜时，应在主蔓瓜接近成熟时才能选留。

在果实生长过程中，要注意遮阳，防止果面被阳光灼伤，中后期还应注意翻瓜，以保证果面颜色均匀美观和果肉成熟一致。翻瓜宜在午后进行，防止用力过度而扭断果柄。生长后期进行2～3次翻瓜即可。

⑥ 及时采收。判断西瓜成熟最可靠的方法是计算果实生长天数。一般早熟品种从谢花到成熟需28～30天，中熟品种约需32～35天，晚熟品种约需40天。当地销售的，果实9成熟采收，远销的则8成熟采收。不能采收过早，否则影响品质。第1批瓜采后，及时追肥、浇水、加强病虫害防治，促进第2批瓜生长，充分提高产量。

（2）冬瓜栽培实用技术

① 品种选择。选用抗病、丰产、耐贮藏、商品性好的广东黑皮冬瓜作为栽培品种。

② 播种育苗。

种子处理：冬瓜种子因种皮较厚，不易吸水，播种前应进行浸种催芽和种子消毒。用50%多菌灵可湿性粉剂300倍液浸种20分钟，预防苗期枯萎病、猝倒病等。再将种子浸在55℃温水中，维持稳定温度15分钟，然后冷却至30℃左右再浸泡5～6小时，捞起用湿纱布包裹放在30℃左右的温度下催芽。在催芽过程中，应经常翻动和清洗种子，保持湿润，以利出芽整齐。

育苗定植：2月下旬温室内育苗。提倡使用营养钵育苗，这样定植的冬瓜不伤根，生长健壮，没有缓苗期。苗期棚内注意通风降温，通风时要小心，以免"闪苗"。定植前逐渐增加通风量，进行低温炼苗。4月上旬，冬瓜苗龄40天左右，3～4片真叶时及时定植，定植宜早不宜晚，定植前7～10天浇水，以利起苗。定植时每3株西瓜种1株冬瓜，株距1.5米。栽后浇水稳苗。

③ 田间管理。定植后浇1～2次缓苗水，之后中耕松土，提高地温。秧蔓长到5～6片真叶时，施1次发棵肥，在畦的一侧每亩施氮磷钾三元复合肥10～15千克，尿素8～10千克，促进伸蔓，增加植株营养积累。第1朵雌花开放后控肥控水，防止徒长，有利于保花坐果。当冬瓜长至3～4千克时加强肥水管理。每亩施氮磷钾三元复合肥15～20千克，尿素10～12千克，氯化钾8～10千克。隔10～15天施一次，连续施4～5次。冬瓜生长需水量大，应及时灌水，于上午进行，灌至畦高1/2处待全畦湿润后排水，保持土壤湿润，雨期注意排除积水。

冬瓜茎蔓粗壮，结瓜期长，为减轻棚架的负担，增加节间不定根吸收养分、水分，延长瓜蔓寿命，要进行压蔓，压蔓方法是选择晴天，在主蔓第3～4个节位处压上土块，压2～3段，使节间增生不定根，加大吸收养分能力。

④ 适时采收。冬瓜坐住后30～40天，瓜皮变成深黑色，表面茸毛褪尽后及时采收。为延长冬瓜的贮藏期，在瓜接近成熟时要控制浇水次数。

(3) 大白菜栽培实用技术 秋冬季大白菜栽培是大白菜栽培的主要茬次，于初冬收获，贮藏供冬春食用，素有"一季栽培，半年供应"的说法。秋冬季大白菜栽培应针对不同的天气状况，采取有效措施，全面提高管理水平，控制或减轻病害发生，实现连年稳产、高产。

① 整地。栽培大白菜地要深耕20～27厘米，然后把土地整平，做成1.3～1.7米宽的平畦或间距56～60厘米窄畦、高畦。

② 重施基肥。大白菜生长期长，生长量大，需要大量肥效长而且能加强土壤保肥力的农家肥料。北方有"亩产万斤菜，亩施万斤

肥"之说。在重施基肥的基础上，将氮磷钾搭配好。一般每亩施过磷酸钙 25～30 千克、草木灰 100 千克。基肥施入后，结合耕耙使基肥与土壤混合均匀。

③ 播种。采用高畦栽培。采用高畦灌溉方便，排水便利，行间通风透光好，能减轻大白菜霜霉病和软腐病的发生。高畦的距离为 56~60 厘米，畦高 30～40 厘米。大白菜的株距，一般早熟品种为 33 厘米，晚熟品种为 50 厘米。

采用育苗移栽方式，既可以更合理地安排茬口，又能延长大白菜前作的收获期，而又不延误大白菜的生长。同时，集中育苗也便于苗期管理，合理安排劳动力，还可节约用种量。移栽最好选择阴天或晴天傍晚进行。为了提高成活率，最好采用小苗带土移栽，栽后浇上定根水。不过另一方面，育苗移栽比较费工，栽苗后又需要有缓苗期，这就耽误了植株的生长，而且移栽时根部容易受伤，会导致苗期软腐病的发生。

④ 田间管理。

中耕、培土、除草：结合间苗进行中耕 3 次，分别在第 2 次间苗后、定苗后和莲座中期进行。中耕按照"头锄浅、二锄深、三锄不伤根"的原则进行。高畦栽培还要遵循"深耪沟、浅耪背"的原则，结合中耕进行除草培土。

追肥：大白菜定植成活后，就可开始追肥。每隔 3～4 天追 1 次 15％的腐熟人粪尿，每亩用量 200～250 千克。根据天气和土壤干湿情况，将腐熟人粪尿兑水施用，大白菜进入莲座期应增加追肥浓度，通常每隔 5～7 天，追一次 30％的腐熟人粪尿，每亩用量 750～1 000 千克。开始包心后，重施追肥并增施钾肥是增产的必要措施。每亩可施 50％的腐熟人粪尿 1 000～2 000 千克，并开沟追施草木灰 100 千克，或硫酸钾 10～15 千克。这次施肥称为"灌心肥"。植株封行后，一般不再追肥。如果基肥不足，可在行间酌情施尿素。

中耕培土：为了便于追肥，前期要松土，除草 2～3 次。特别是久雨转晴之后，应及时中耕炕地，促进根系生长。

灌溉：大白菜播种后采取"三水齐苗，五水定棵"，小水勤浇的方法，以降低地温，促进根系发育。大白菜苗期应轻浇勤泼保湿润。

莲座期间断性浇灌，见干见湿，适当炼苗。结球时对水分要求较高，土壤干燥时可采用沟灌。灌水时应在傍晚或夜间地温降低后进行。要缓慢灌入，切忌满畦。水渗入土壤后，应及时排出余水。做到沟内不积水，畦面不见水，根系不缺水。一般来说，从莲座期结束后至结球中期，保持土壤湿润是争取大白菜丰产的关键之一。

束叶和覆盖：大白菜的包心结球是其生长发育的必然规律，不需要束叶。但晚熟品种如遇严寒，为了促进结球良好，延迟采收供应，小雪后把外叶扶起来，用稻草绑好，并在上面盖上一层稻草式农用薄膜，能保护心叶免受冻害，还具有软化作用。秋大白菜生长时间长，可分别在幼苗期和结球期每亩叶面喷洒 0.5%芸薹素内酯可溶液剂 20克，兑水 15 千克，可以显著增产。

⑤ 收获。大白菜成熟后一般于 11 月中下旬收获。要视当地天气情况具体而定。

（二）小拱棚甜瓜/玉米—大白菜栽培

1. 甜瓜、玉米对环境条件的要求

(1) 甜瓜 甜瓜对环境条件的要求与西瓜大致相同，播种期参考西瓜。甜瓜根系分布较浅，生长较快，易于木栓化，适于直播或采取保护根系措施育苗移栽。甜瓜起源于我国东南部，适应性强，分布很广，具有较强的耐旱能力，膨大期需肥水较多，近年来，栽培效益较好。

(2) 玉米 玉米是主要粮食作物，产量高，且营养丰富，用途广泛。它不仅是食品和化工工业的原料，还是"饲料之王"，对畜牧业的发展有很大的促进作用。

2. 甜瓜/玉米—大白菜栽培模式

(1) 甜瓜 2 月下旬至 3 月上旬温室育苗，4 月上旬定植。一般栽培模式为 1.3 米一带，种植 2 行甜瓜，甜瓜宽窄行种植，宽行85 厘米，窄行 45 厘米，株距 55 厘米，亩栽 1 800 株左右。栽后覆盖120 厘米宽的地膜，搭小拱棚。6 月中旬上市，一般亩产 3 000 千克。

(2) 玉米 普通玉米选用大穗型优良品种，于 5 月上中旬点播于

甜瓜行间。玉米宽窄行种植，甜瓜窄行变玉米宽行，甜瓜宽行变玉米窄行。宽行 80 厘米，窄行 50 厘米。株距 22.8～25.6 厘米，亩留苗4 000～4 500 株。9 月上旬收获，一般亩产 650～750 千克。如果种植甜玉米或糯玉米成熟更早，对种植大白菜更有利。

（3）大白菜 选用高产抗病耐贮藏的秋冬品种。采用育苗移栽的方法，于 8 月上中旬播种育苗，9 月上旬玉米收获后整地起垄移栽定植。行距 70 厘米，株距 45 厘米，亩栽 2 100 株左右。于 11 月中下旬上冻前收获，一般亩产 4 000～5 000 千克。

3. 甜瓜/玉米—大白菜栽培实用技术

（1）甜瓜栽培实用技术 春季甜瓜小拱棚栽培方式基本上与大棚栽培相似，但由于其保温性能较差，因此在栽培技术上与早春大棚栽培有所不同。

① 品种选择。薄皮甜瓜品种较多，且各地命名不一，应根据当地市场需求、栽培条件以及栽培目的来选择品种。

② 播种期。甜瓜一般每亩播种量 150～200 克，甜瓜早熟栽培可提前育苗，采用 8 厘米×8 厘米的营养钵育苗，苗龄 30～35 天，地温稳定在 15 ℃时即可定植。一般在 2 月下旬至 3 月上旬育苗，在温室内进行，具体操作方法参照大棚西瓜栽培育苗法（69～70 页）。

③ 整地作畦。甜瓜进行小拱棚栽培也须冬季深翻，施肥量、施肥方法同大棚栽培。翌年立春后于定植前，打碎土块，整地作垄。做垄时应按小拱棚设置方向，以南北向为好。

④ 小拱棚设置。先在垄上覆盖 120 厘米宽的地膜，在其外面，用 2～3 厘米宽、2.2～2.4 米长竹片，两头削成斜面插入土中，插入深度 15～20 厘米，棚底宽 1～1.2 米，棚高 80 厘米，竹片间距 50～60 厘米，拱棚长度与畦长一致，拱棚上用宽 2.2 米的多功能膜覆盖，拉紧膜后，四周用泥土压实，进行预热。

⑤ 适时定植。4 月上中旬，选苗龄 35～40 天，有 3～4 片真叶的健壮瓜苗，4 片真叶以上的可在苗床内摘心后于晴天中午进行移栽。

⑥ 合理密植。小拱棚栽培采用双蔓爬地栽培，瓜秧种在畦中间，两蔓反向伸展，株距 55 厘米，亩栽 1 800 株左右。

⑦ 棚温管理。小拱棚保温性能比大棚差，受天气影响大，晴天

棚内升温快，夜间降温也快，管理上要求更为严格。总的原则是早期以保温为主，定植后 7～10 天一般不揭膜，棚温控制在 30 ℃左右。若棚内空气相对湿度过高，可在晴天中午将小棚南头揭开通风。缓苗后幼苗开始生长，棚温要适当下降，白天维持在 25 ℃左右，夜间 12～15 ℃，用延长通风时间来调节。4 月下旬外界气温回升，晴天 10 时可先揭开南头后揭开北头棚膜加大通风，15 时至 16 时，先关闭北头棚膜再关闭南头棚膜。5 月上旬植株进入开花期，外界气温一般在 20～25 ℃，可揭开东或西侧棚膜，这不仅可使温度适宜，还能增加光照，提供昆虫传粉机会，也有利于激素保果。5 月下旬，果实进入转熟阶段，小拱棚两侧棚膜都要揭开，顶膜以避雨为主，还要挡住植株叶层和果实，以免发生裂果或降低果实含糖量。

⑧ 摘心与整枝、坐果与疏果。小拱棚栽培采用双蔓整枝法，与大棚栽培相同，但由于拱棚小，整枝时需揭起一侧棚膜，操作比较麻烦。因此，生产中应集中农事操作，尽量减少操作次数，如瓜苗移栽时已摘心，则坐瓜前只要进行留蔓、坐果节位选定两次整枝即可。

甜瓜的整枝原则是，应将主蔓及早摘心，利用孙蔓结瓜的品种则对主蔓侧蔓均摘心，促发孙蔓结瓜。其整枝方式应根据品种的特性及栽培目的而定。

双蔓整枝：此法用于子蔓结瓜的品种。在主蔓 4～5 片真叶时打顶摘心，选留上部 2 条健壮子蔓，垂直拉向瓜沟两侧，其余子蔓疏除。随着子蔓和孙蔓的生长，保留有瓜孙蔓，疏除无瓜孙蔓，并在孙蔓上只留 1 个瓜，留 2～3 片叶摘心。也可在幼苗 2 片真叶时掐尖，促使 2 片真叶的叶腋抽生子蔓。选好 2 条子蔓引向瓜沟两侧，不再摘心去杈，任其结果。

多蔓整枝：此法用于孙蔓结瓜的品种，主蔓 4～6 片叶时摘心，从长出的 5～6 条子蔓中选留上部较好的 3～4 条子蔓，分别引向瓜沟的不同方向，并留有瓜孙蔓，除去无瓜枝杈，若孙蔓化瓜，可对其摘心，促使曾孙蔓结瓜。

⑨ 浇水和追肥。甜瓜是一种需水又怕涝的植物，应根据气候、土壤及不同生育期生长状况等条件进行合理的浇水。苗期以控为主，加强中耕，松土保墒，进行适当蹲苗，需要浇水时，开沟浇暗水或洒

水淋浇，水量宜小。伸蔓后期至坐果前，需水量较多，干旱时应及时浇水，以保花保果，但浇水不能过多，否则容易引起茎蔓徒长而化瓜。坐果后需水量更多，需保证充足的水分供应。一般应以地面微干就浇为准。果实快要成熟时控制浇水，促进果实成熟，提高品质。

甜瓜的追肥要注意氮磷钾的配合。原则是轻追苗肥，重追结瓜肥。苗期有时只对生长弱的幼苗追肥，每亩施硫酸铵 7.5～10 千克、过磷酸钙 15 千克，在株间开 7～10 厘米的小穴施入覆土。营养生长期适当追施磷、钾肥，一般在坐果后，在行间挖沟每亩追施饼肥50～75 千克，也可掺入硫酸钾 10 千克，生长期叶面喷施营养液 2～3 次，效果更好。

⑩ 采收。采收的要求与方法与早春大棚栽培的甜瓜相同，需要注意的是小拱棚栽培，从开花到果实成熟的天数要延长 2～3 天，不要盲目提早采收。

（2）玉米栽培实用技术

① 普通玉米栽培技术要点。

品种选择：选用紧凑型优良品种。紧凑型品种具有光能利用率高、同化率高、吸肥能力强、生活力强、灌浆速度快、经济系数高等优点，在生理上具备了增产优势。根据品种对比试验，紧凑型品种比平展叶型品种亩增产 15% 左右，因此应根据当地情况选用比较适宜的紧凑型品种。另外，在播种以前，要做好晒种和微肥拌种工作。

适时播种，合理密植：将玉米于 5 月上中旬点播于甜瓜行间。玉米宽窄行种植，甜瓜窄行变玉米宽行，甜瓜宽行变玉米窄行。种植玉米密度可掌握在每亩 4 000～5 000 株，宽行 80 厘米，窄行 50 厘米，株距 22.5～25.6 厘米。

科学管理，巧用肥水：玉米具有生育期短、生长快、需肥迅速、耐肥水等特点，所以必须根据其需要及时追肥，才能达到提高肥效、增加产量的目的。

苗期管理。为使玉米苗期达到"苗齐、苗匀、苗壮"的目的，苗期管理要突出一个"早"字。要早灭茬、早治虫、早定苗，争主动，促壮苗早发。

中期管理。玉米苗期生长较缓慢，吸收养分较少，拔节后生长迅速，养分吸收量猛增，抽雄到灌浆期达到高峰。中期是玉米营养生长与生殖生长并进阶段，是决定玉米穗大粒多的关键时期。根据玉米生长发育特点，生产上应按叶龄指数追肥法进行追肥，即在播种后25～30天，可见9～10片叶时，一般每亩追施碳酸氢铵50千克、过磷酸钙35～40千克，高产田块还可追施10千克硫酸钾。播种后45天，展开叶12～13片，可见17～18片叶时，每亩追施碳酸氢铵30千克。在中期根据土壤墒情重点浇好抽雄水。抽雄时进行人工授粉，授粉后去雄，节省养分。

后期管理。玉米生长后期，以生殖生长为主，是决定籽粒饱满程度的重要时期，管理上要以防止早衰为目的。对出现脱肥的地块，每亩用尿素1千克和磷酸二氢钾150克兑水50千克进行叶面喷施。此期应浇好灌浆水，并酌情浇好送老水。

适时收获：玉米果穗苞叶变黄，籽粒变硬，果穗中部籽粒乳腺消失，籽粒尖端出现黑色，含水量降到33％以下时，为收获标准。

② 甜玉米高产栽培。甜玉米是甜质型玉米的简称，因其籽粒在乳熟期含糖量高而得名。它与普通玉米的本质区别在于胚乳携带有与含糖量有关的隐性突变基因。根据所携带的控制基因，可分为不同的遗传类型，目前生产上应用的有普通甜玉米、超甜玉米、脆甜玉米和加强甜玉米四种遗传类型。普通甜玉米受单隐性甜-1基因（$Su1$）控制，在籽粒乳熟期其含糖量可达8％～16％，是普通玉米的2～2.5倍，其中蔗糖含量约占2/3，还原糖约占1/3。超甜玉米受单隐性凹陷-2基因（$Sh2$）控制，在授粉后20～25天，籽粒含糖量可达到20％～24％，比普通甜玉米含糖量高1倍，其中糖分以蔗糖为主，水溶性多糖仅占5％。脆甜玉米受脆弱-2基因（$Bt2$）控制，其甜度与超甜玉米相当。加强甜玉米是在某个特定甜质基因型的基础上又引入一些胚乳突变基因培育而成的新型甜玉米，受双隐性基因（$Su1Se$）控制，兼具普通甜玉米和超甜玉米的优点。甜玉米的用途和食用方法类似于蔬菜和水果的性质，蒸煮后可直接食用，所以又被称为"蔬菜玉米"和"水果玉米"。种植甜玉米应抓好以下几项关键措施。

隔离种植避免异种类型玉米串粉：不同品种的甜玉米之间需隔离

种植，一般可采取以下三种隔离措施。（a）自然异障隔离。靠山头、树木、园林、村庄等自然环境屏障起到隔离作用，阻挡外来花粉传入。（b）空间隔离。一般在 400～500 米空间之内应无其他玉米品种种植。（c）时间隔离。利用调节播种期错开花期进行隔离，开花期至少错开 20 天以上。

应用育苗移栽技术：由于甜玉米糖分转化成淀粉的速度比普通玉米慢，种子成熟后一般淀粉含量只有 18%～20%，表现为凹陷干瘪状态，种子顶土能力弱，出苗率低，生产上常应用育苗移栽技术。采用育苗移栽不仅能提高发芽率和成苗率，还能节约种子和保证种植密度，是早熟高产品种栽培的关键技术环节。一般采用较松软的基质育苗（多采用由草炭、蛭石、有机肥按 6∶3∶1 的比例配制的基质）。播种深度一般不超过 0.5 厘米，每穴点播 1 粒种子，将播种完的苗盘移到温度 25～28 ℃、空气相对湿度 80% 的条件下催芽，催芽前要浇透水，当出苗率达到 60%～70% 后，将苗盘移到日光温室内进行培养，苗期日光温室培养对温度要求较为严格，一般白天应控制在 21～26 ℃，夜间不低于 10 ℃。如果白天室内温度超过 33 ℃应注意及时放风降温防止徒长。夜间注意保温防冷害。在春季终霜期过后地下 5～10 厘米土层温度达 18～20 ℃时，进行移栽。甜玉米也可于 5 月上中旬点播在甜瓜行间。

合理密植：甜玉米适宜于规模种植，一般方形种植有利于传粉和保证品质。种植密度可根据土壤肥力程度和品种本身的特性来确定，应掌握"株型紧凑早熟矮小的品种宜密，株型高大晚熟的品种宜稀，水肥条件好的地块宜密，瘠薄地块宜稀"的原则，一般亩种植密度在 3 300～3 500 株。

加强田间管理：甜玉米生育期短且分蘖性强、结穗率高，所以对肥水供应强度要求较高，种植时要重视施足底肥，适当追肥，这样才能保证穗大，并能增加双穗率和保证品质。对于分蘖性强的品种，为保证主茎果穗有充足的养分、促进早熟，一般要将分蘖去除，不留痕迹，而且要进行多次。甜玉米品种多数还具有多穗性的特点，植株第 1 果穗作鲜食或加工，第 2、第 3 果穗不易成穗，可在吐丝前采摘，用来制作玉米笋罐头或速冻玉米笋。为提高果穗的结实率，必要时可以进行人工辅助授粉。

（a）拔节期管理。缓苗后，植株将拔节，此时可进行追肥，一般亩施尿素7.5千克，以利于根深秆壮。（b）穗期管理。在抽雄前7天左右应加强肥水管理，重施攻苞肥，亩施尿素12.5千克，以促进雌花生长和雌穗分化，增加穗粒数，此时还要注意采取措施控制营养生长，促进生殖生长。（c）结实期管理。此期由营养生长与生殖生长并重转入生殖生长，管理的关键是及时进行人工辅助授粉和防止干旱及时灌水。

适时采收：甜玉米要达到优质高产，适时采收是关键。采收过早，籽粒水分含量太高，水溶性物质和其他营养物质积累尚少，风味不佳，适口性差，产量也低。采收过晚，种皮硬化，糖分下降，籽粒脱水严重，品质下降。一般早熟品种采收期在授粉后18~24天，中晚熟品种采收期可适当推迟2~3天。

③ 糯玉米高产栽培。糯玉米是玉米属的一个亚种，起源于中国西南地区，是玉米第9条染色体上基因（wx）发生突变而形成的。成熟籽粒干燥后胚乳呈角质不透明、无光泽的蜡质状，因此称蜡质玉米。根据籽粒颜色糯玉米又可分为黄粒种和白粒种两种类型。糯玉米籽粒中的淀粉完全是支链淀粉，而普通玉米的支链淀粉含量为72%，其余28%为直链淀粉。糯玉米淀粉在淀粉水解酶的作用下消化率可达85%，从营养学的角度讲，糯玉米是一种营养价值较高的玉米。其高产栽培应抓好以下几项关键措施。

避免异种类型玉米串粉：要求方法同甜玉米。

适期播种，合理密植：糯玉米春播时间应以地表温度稳定通过12℃为宜，育苗移栽或地膜覆盖可适当提早15天左右；播种可推迟到初霜前85~90天。若以出售鲜穗为目的可分期播种。重视早播和晚播拉长销售期，以提高种植效益。一般糯玉米种植密度为每亩3 300~3 500株。糯玉米也可于5月上中旬点播于甜瓜行间。

加强田间管理：和甜玉米一样，糯玉米生长期短，特别是授粉至收获只有20多天时间，要想高产优质，则对肥水条件有较高的要求，种植时要施足底肥，适时追肥，才能保证穗大粒多。对分蘖性强的品种，为保证主茎果穗有充足的养分并促进早熟，可将分蘖去除。为提高果穗的结实率，必要时可进行人工辅助授粉。

适时采收：糯玉米必须适时收获，才能保证其固有品质。食用青嫩果穗，一般以授粉后 25 天左右采收为宜，采收过早不黏不甜，采收过迟风味差。用于制罐头不宜过分成熟，否则籽粒变得僵硬，但也不宜过嫩，太嫩则产量降低。做整粒糯玉米罐头，应在蜡熟期采收。

（3）大白菜栽培实用技术　参照第 109～111 页大白菜内容。

（三）小拱棚西瓜/花生栽培

1. 花生对环境条件的要求　花生耐旱、耐瘠性较强，但高产花生适宜的土壤条件应该是排水良好、土层深厚肥沃、黏沙土粒比例适中的沙壤土或轻壤土。该类土壤因通透性好，并具有一定的保水能力，能较好地保证花生所需要的水、肥、气、热等条件，花生耐盐碱性差，pH 为 8 时不能发芽。花生比较耐酸，但酸性土中钙、磷、钼等元素有效性差，并有高价铝、铁的毒害，不利花生生长。一般认为花生适宜的土壤 pH 为 6.5～7。

2. 西瓜/花生栽培模式

（1）西瓜　春季小拱棚覆盖栽培。2 月下旬温室播种，地热线加温育苗，苗龄 35 天左右，4 月上旬定植，覆盖地膜，加盖小拱棚（小拱棚竹竿间距 1 米左右）。6 月中旬上市。作畦时畦宽 1.6 米左右，栽植一行西瓜，株距 50 厘米左右，亩栽 600 多株，一般亩产 2 500 千克左右。

（2）花生　5 月上中旬在西瓜地内套种花生，每带套种 3 行花生，行距 40 厘米，穴距 17～18 厘米，每亩 7 350 多穴，每穴 2 粒，亩产 300 千克以上。

3. 西瓜/花生栽培实用技术

（1）西瓜栽培实用技术　参照第 106～108 页西瓜内容。

（2）花生栽培实用技术　西瓜地套种花生，可以充分利用生长季节，提高复种指数，达到瓜油双丰收的目的。近些年来，随着生产条件的改善、生产技术水平的提高，西瓜地套种花生的种植模式应运而生，栽培时应根据瓜套花生的特点，抓好以下几项措施。

① 精选良种。根据套种的特点，花生种植应选用早中熟直立型品种，并精选饱满一致的籽粒做种，使之生长势强，为一播全苗打好基础。

② 施足底肥。根据花生需肥特点、种植土壤特性及产量水平，应掌握有机肥为主、无机肥为辅，有机无机相结合的施肥原则，在增施有机肥的基础上，补施氮肥，增施磷、钾肥和微肥。套播花生主要依靠底肥，底肥的施用量应占肥料总施用量的80%～90%。高产地块，可亩施有机肥2 000～3 000千克，过磷酸钙40～50千克，碳酸氢铵30千克左右，结合种植西瓜在播前耕地时作基肥撒施。

③ 播前晒种，分级粒选。播种前充分暴晒荚果，能打破种子休眠，提高生理活性，增强吸水能力，增强发芽势，提高发芽率。一般在播种前晒2～3天，晒后剥壳，同时选粒大、饱满、大小一致、种皮鲜亮的籽粒作种，不可大小粒混合播种，以免造成大小苗共生，大苗欺小苗，导致减产。据试验，播一级种仁比播混合种仁增产20%以上，播二级种仁比播混合种仁增产10%以上。

④ 适时套播，合理密植。适时套播、合理密植可充分利用地力、肥力、光能资源，协调个体群体发育，达到高产。套种的3行花生以40厘米等行距为宜，17～18厘米穴距，每穴2粒，每亩种植7 350多穴。一般套种时间在5月上中旬，套播花生应注意保证足墒，也可采取先播后浇的方法，争取足墒全苗。

⑤ 及时中耕，根除草荒。花生属子叶半出土的作物，及时中耕能促进个体发育，促第1、第2侧枝早发育，提高饱果率。瓜套花生，在花生出苗后和瓜拉秧后土壤散墒较快，易形成板结，应及时中耕松土保墒、清棵除草，防蔓直立上长。花生生长发育后期发生草荒对产量影响较大，且不易清除，所以要注意在前期根除杂草。杂草生长严重的地块可选用适当的除草剂进行化学防治。可在杂草3叶前每亩用10.8%吡氟氯禾灵高效乳油25～35毫升兑水50千克喷洒。

⑥ 增施肥料，配方施肥，应用叶面喷肥。增施肥料是套种花生增产的基础。施肥原则是在适当补充氮肥的基础上重施磷肥、钙肥及

微肥，在中后期还应视情况喷施生长调节剂。没有施底肥的地块在始花期应每亩施用10～15千克尿素和40～50千克过磷酸钙，高产地块还应增施10～20千克硫酸钙。在此基础上，中后期还应叶面喷施微肥和生长调节剂，以防叶片发黄、过早脱落和后期疯长。花生叶片吸肥能力较强，盛花期后可叶面喷施2%～3%的过磷酸钙澄清液，或0.2%的磷酸二氢钾溶液，每亩每次喷施50千克左右，可10天一次，连喷2～3次。同时还要注意喷施多元素复合微肥。施足底肥的地块，只进行中后期叶面喷肥。

⑦ 合理灌水和培土。花生是一种需水较多的作物，总的灌水规律是"两头少、中间多"，根据花生的需水规律，结合天气、墒情、植株生长情况进行适时灌排。如底墒充足，苗期一般不浇水，从开花到结果，需水量最多，占全生育期需水量的50%～60%。此期如遇干旱应及时灌水，要小水细浇，最好应用喷灌。另外，花生还具有"喜涝天，不喜涝地"和"地干不扎针，地湿不鼓粒"的特点，开花下针期正值雨季，如遇雨过多，容易引起茎叶徒长，土壤水分过多则通气不良，也影响根系和荚果的正常发育，从而降低产量和品质，因此，还应注意排涝。瓜套花生多为平畦种植，所以在初花期结合追肥中耕适当进行培土起小垄，增产效果较好，但要注意不要埋压花生生长点。

⑧ 科学应用生长调节剂。花生要高产必须增施肥料和增加种植密度，在高产栽培条件下，如遇高温多雨季节，茎叶极易徒长，造成主茎长，侧枝短而细弱，田间郁蔽而倒伏，最终导致减产。所以在高水肥条件下应注意合理应用植物生长调节剂来控制徒长，可避免营养浪费，使养分尽可能地多向果实中转化，从而提高产量。该措施也是花生高产的关键措施之一，防止花生徒长常用的植物生长调节剂有多效唑等。植物生长调节剂的喷施时间相当重要，如喷得过早，不但抑制了营养生长，而且也抑制了生殖生长，果针入土时间延长，荚果发育缓慢，果壳变厚，出仁率降低，影响产量；如喷施过晚，则起不到控旺作用。据试验，适宜的喷施时间是盛花末期，因为此期茎蔓生长比较旺盛，荚果发育也有一定基础，喷施后能起到控上促下的作用。一般在始花后30～35天，每亩可用1.4%的复硝酚钠水剂10克，加

水 15 千克叶面喷施，2 周后再喷 1 次，以防止田间过早郁蔽，促进光合产物转化，提高结荚率和饱果率。注意调节剂在使用时要严格掌握浓度，干旱年份可适当降低使用浓度，一次高浓度使用不如分次低浓度使用，在天气晴朗时使用效果较好。

⑨ 适时收获，安全贮藏。花生是无限开花习性作物，荚果不可能同时成熟，故收获之时荚果有饱有秕。花生收获早晚与产量和品质有直接关系，收获过早，产量低，油分少，品质差；而收获过晚，果轻，落果多，损失大，休眠期短的品种易发芽，且低温下荚果难干燥，入仓后易发霉，另外也影响下茬作物种植。一般花生成熟的标志是地上植株生长停滞，顶端停止生长，上部叶片的感夜运动不灵敏或消失，中下部叶片脱落，茎枝黄绿色，多数荚果充实饱满，珍珠豆型早熟品种的饱果指数达 75％以上，中间型早中熟大果品种的饱果指数达 65％以上，普通型中熟品种的饱果指数达 45％以上。大部分荚果网纹清晰，种皮变薄，种粒饱满呈现原品种颜色。黄淮海农区一般在 9 月中旬收获，一些晚熟品种可适当晚收，但当日平均气温在 12 ℃以下时，植株已停止生长，而且茎枝很快枯衰，应立即收获。

花生收获后如气温较高可随即晾晒，有条件的可就地果向上、叶向下晒，摇果有响声时摘果再晒。待荚果含水率在 10％以下，种仁含水率在 9％以下时，选择通风干燥处安全贮藏。

（四）小拱棚西瓜/三樱椒栽培

1. **三樱椒对环境条件的要求**　种子发芽适宜温度为 25～30 ℃。幼苗生长要求较高的温度，适宜温度白天 25～30 ℃，夜晚 15～18 ℃。随着植株生长，对温度的适应能力增强。开花阶段白天适宜温度为 21～30 ℃，夜间 16～20 ℃，低于 10 ℃或高于 35 ℃，均影响开花结果。

三樱椒要求中等的光照度和光照时间，较耐弱光。过强的光照易引起日灼病，对生长不利，所以三樱椒可以与果树、玉米等高秆作物间作。三樱椒既不耐涝又不耐旱，当根系被水淹 24～28 小时后，天气转晴就会萎蔫枯死。土壤干旱时，根、叶生长受到抑制，花发育迟缓，坐果率低，故要求土壤保持湿润状态，利于花的形成发育和果实正常生长。

三樱椒适宜疏松、保水、保肥、中性至微酸性土壤，种植时不要栽植在低洼积水的地块。氮、磷对花的形成发育有重要作用，钾对果实生长有重要作用。施肥时以有机肥为主，合理配施化肥。

2. 西瓜/三樱椒栽培模式

(1) 西瓜 春季小拱棚覆盖栽培。2月底温室播种，地热线加温育苗，苗龄35天左右，4月上旬定植，覆盖地膜，加盖小拱棚（小拱棚竹竿间距1米左右）。1.8米一带，种植一行西瓜，株距45厘米，亩栽800余株，一般亩产2500千克左右。

(2) 三樱椒 2月底至3月初温室育苗，4月下旬移栽，地膜覆盖栽培，苗龄60天左右。种植模式是每隔一个西瓜栽一株三樱椒，三樱椒的行距为45厘米，株距为20厘米，行向与西瓜行向垂直，亩栽7400株左右，一般亩产350千克左右。

3. 西瓜/三樱椒栽培实用技术

(1) 西瓜栽培实用技术 参照第106～108页西瓜内容。

(2) 三樱椒栽培实用技术

① 选用良种。可选用抗病、抗逆性强、适宜春季栽培的无限分枝、植株高大、椒果单生的优良品种。

② 苗床播种。每平方米15厘米厚的苗床土掺入氮磷钾三元复合肥（各含16%）0.2千克，硼、锌肥5克，另加0.5千克草木灰。苗床土配制后进行消毒，每平方米15厘米厚的苗床土掺入50%多菌灵可湿性粉剂20克，可防治立枯病、炭疽病。播种前将种子晾晒2～3天，然后用10%高锰酸钾水溶液浸泡15分钟，再捞出冲洗干净，即可于2月底至3月初播种育苗。播种前给苗床喷足水，待水渗透后，将种子均匀撒入，随后用细土覆盖1厘米厚，最后喷水润床，对苗床增温，把地膜封严，提高土壤温度。白天温度控制在20℃，夜晚温度控制在10℃，10天左右即可出苗。苗出土后，应及时放风排湿，防止苗旺长，苗棚内白天温度控制在25～30℃，夜晚温度控制在15～20℃。由于早春自然光较弱，苗棚内光照普遍不足，应于晴朗的中午前后揭膜，增加光照度，抑制苗徒长。另外，移栽前15天，应控制肥水，加大放风量，进行炼苗、蹲苗，防止出现高脚苗、旺

长苗。

③ 定植。2月底至3月初育苗,育苗时间60天左右,4月下旬定植到西瓜田。定植前对苗床浇一次透水,促进苗生发新根,以便于起苗。起出的苗应随起、随栽、随浇定苗水。为了促进苗早发快长,可在定苗水中加入速效化肥,每亩用尿素4千克,磷酸二氢钾2千克,溶入1 500千克水中。

④ 田间管理。

中耕培土:及时中耕培土,可促进三樱椒根系生长发育,提高土壤温度,有利于保墒。土壤水分较多时,中耕还可散湿,有利于根系生长。

追施肥料:如基肥充足,可根据植株长势适当追肥。可每亩追施碳酸氢铵50~60千克,过磷酸钙50~60千克,硫酸钾20~30千克。如进行叶面喷肥更好,可喷0.3%的氮磷钾三元(各含16%)复合肥水溶液,生育期可喷3~5次。

浇水排水:三樱椒根系浅,怕旱怕涝,特别是盛果期,如缺水,产量会严重受影响。应小水勤浇,保持土壤湿润。高温天气忌中午浇水,以免降低土壤温度,造成落叶、落花、落果。

摘心打顶:三樱椒枝型层次明显,一为主茎果枝,二为侧枝果枝,三为副侧枝果枝。其主要产量由副侧枝的果实组成,因此,主茎一现蕾应立即进行人工摘心,促发侧枝。副侧枝若发生晚,果实不能成熟,应及时摘除。

⑤ 及时收获。三樱椒正常转红成熟后,于霜降前及时收获,以减少田间不必要的损失。

(五)小拱棚洋葱/小冬瓜—大白菜

1. 洋葱、小冬瓜对环境条件的要求

(1)洋葱 洋葱又称圆葱,属于百合科葱属,是以肉质鳞片和鳞芽构成鳞茎的二年生草本植物。洋葱对温度的适应性强。种子和鳞茎在3~5℃下可缓慢发芽,12℃以上适温可加速发芽进程。生长适温幼苗期为12~20℃,叶片生长期为18~20℃,鳞茎膨大期为20~26℃。

温度超过 26 ℃，鳞茎便停止生长，进入生理休眠。健壮的幼苗，可耐 −7～−6 ℃ 的低温。洋葱是绿体春化型植物，当植株长到 3～4 片真叶，茎粗大于 0.5 厘米，积累了一定的营养时，才能感受低温通过春化。多数品种需要的条件是在 2～5 ℃ 下 60～70 天。一般南方型品种在 9～10 ℃ 的温度下，只需 40～50 天，而北方型品种则需在 3～5 ℃ 的低温下经 55～60 天，才能完成春化过程。在温度较低时，根系的生长发育比叶部快，当温度升高到 10 ℃ 时，叶部生长反而快于根系。因此，春栽幼苗应提早定植，使其在发芽以前形成较多的根系。

鳞茎的形成需要长日照，延长日照时间可以加速鳞茎的形成和成熟。其中长日型品种需 13.5～15 小时日照，短日型品种需 11.5～13 小时日照。我国北方多长日型晚熟品种，南方多短日型早熟品种。洋葱完成春化过程以后，在长日照和 15～20 ℃ 的温度条件下，才能抽薹开花结实，故引种时应予以注意。另外，洋葱对光照度的要求低于果菜类蔬菜，高于一般叶菜类蔬菜。

洋葱要求较高的土壤相对含水量和较低的空气相对湿度，特别是在发芽期、幼苗生长旺盛期和鳞茎膨大期，及时供应充足的水分是实现高产的重要条件。但在幼苗越冬前要控制水分，以免越冬幼苗徒长和秧苗过大。洋葱叶耐旱，空气相对湿度过大易诱发病害，在鳞茎采收前，要逐步减少灌水，防止因含水量过多而影响贮藏。

洋葱根系浅，吸收能力弱，要求土质肥沃、疏松、保水保肥力强的壤土。黏土有碍根系和鳞茎生长，沙土保肥保水能力差，也不适宜洋葱栽培。洋葱能忍耐轻度盐碱，但幼苗期对盐碱反应比较敏感，容易黄叶死苗。洋葱要求土壤 pH 6.0～8.0，在 pH 6.0～6.5 的土壤上种植比较适宜。洋葱为喜肥作物，对养分要求较高，幼苗期以氮肥为主，鳞茎膨大期以钾肥为主，磷肥在苗期就应施用，以促进氮肥的吸收，并能促进鳞茎肥大和提高品质。另外，由于洋葱根系吸收能力较弱，中后期应用叶面喷肥技术提高营养水平，对提高产量有较好效果。一般每亩标准施肥量为氮 12.5～14.3 千克，磷 10～11.3 千克，钾 12.5～15 千克。

（2）小冬瓜 小冬瓜是夏秋主要蔬菜之一，它适应性强，产量高，耐贮运，生产成本低，生产效益好。冬瓜耐热，喜高温，因此必须把它的生育期安排在高温季节，入秋前后收获，定植和播种时间以地温稳定在 15 ℃以上为宜。中原地区直播一般在 4 月下旬，阳畦育苗在 3 月上中旬播种，每亩播种量为 0.4～0.5 kg。

2. 洋葱/小冬瓜—大白菜栽培模式

(1) 洋葱 小拱棚洋葱栽培一般 3 米一带，带与带之间留 60 厘米宽搭小拱棚，10 下旬至 12 月初定植洋葱，12 月上旬扣小拱棚，配套 5 米长直径 1.5 厘米粗镀锌钢管，小拱棚下部宽 2.6 米，拱高 1.3 米，翌年 1 月下旬开始放风管理，棚内温度控制在 10～25 ℃之间，4 月底至 5 月初收获洋葱，洋葱亩产可达 3 500 千克以上，早熟品种可提前 20 天以上上市。

(2) 小冬瓜 小冬瓜 2 月在温室或大棚育苗，4 月撤掉拱棚，在洋葱行内定植小冬瓜，亩定植 550～600 株，按照小冬瓜高产栽培技术管理，一般亩产 4 000～5 000 千克。

(3) 大白菜 秋大白菜 8 月上中旬播种育苗，9 月上旬小冬瓜拉秧收获后整地起垄移栽定植。行距 70 厘米，株距 45 厘米，亩栽 2 100 株左右。按照秋大白菜栽培技术管理，一般亩产 4 000～5 000 千克。

3. 洋葱/小冬瓜—大白菜栽培实用技术

(1) 洋葱栽培实用技术

① 品种选择与育苗。选择早熟优良品种，如早红等，在 9 月上旬育苗，每亩生产田需要苗床 40～60 米², 种子 250～300 克，足墒遮阳育苗。

② 整地移栽。在 10 月末至 11 月初整地施肥，采用平畦地膜栽培，畦面宽 240 厘米，畦埂宽 60 厘米，每个畦面定植 18 行洋葱，实际行距 14 厘米，平均行距 16.7 厘米，定植株距 14 厘米，亩定植洋葱 2.85 万株，定植深度 3 厘米，定植后及时浇缓苗水。在 12 月初每畦搭一个拱棚，翌年 1 月下旬开始放风管理，棚内温度控制在 10～25 ℃。发棵期应保持土壤表层见干见湿，并适时追施发棵肥，鳞茎膨大期，及早追肥并适时浇水，保持土壤湿润，在收获前 10 天停止浇水，生育期还应及时防治病虫害。一般亩产 3 500 千克以上。

③ 扣小拱棚促发育助增产。据调查，洋葱采取扣小拱棚措施可

促使生育进程加快，早春叶片数可比不扣棚的增加2.7片，株高增加13.2厘米，单株须根数增加18.6条，假茎增粗，假茎盘周长增加2.9厘米。早熟品种在4月10日球茎可进入膨大期，4月下旬可收获上市，比正常露地膨大期提前15天，且没有发现抽薹现象，病虫害发生也很轻。扣棚产量比露地增产74.4%以上。

（2）小冬瓜栽培实用技术

①品种选择与育苗。选择一串铃等品种。小冬瓜一般2月在温室或大棚育苗，苗龄一般40～50天，具有三叶一心时定植为宜。由于冬瓜种子发芽慢，且发芽势低，可采用高温75～100℃烫种，然后浸泡一昼夜。最适宜的催芽温度为25～30℃，3～4天可萌发。

②定植与管理。4月套种到洋葱行内，株距40厘米左右，每亩定植550～600株。冬瓜耐热，喜高温，因此必须把它的生育期安排在高温季节，入秋前后收获，为促使根系尽快生长，定植后应立即浇1～2次水，随即进行中耕松土，提温保墒。缓苗后轻浇一次缓苗水，继续深耕细耙，适度控水蹲苗，促使根系长深长旺，使苗壮而不徒长。待叶色变深、叶片变硬时即可结束蹲苗。一般情况下，蹲苗2～3周。蹲苗结束后及时浇催秧水，促使茎蔓伸长和叶面积扩展。但浇水量不可过多，否则易造成植株徒长，营养体细弱，这一次浇水之后，直到定瓜前不再浇水，以免生长过旺而化瓜，促使生长中心向生殖生长转移。待坐瓜后，果实达0.5～1千克时，浇催瓜水，之后进入果实迅速膨大期，需水量增加，浇水次数和浇水量以使地表经常保持微湿的状态为宜，不可湿度过大，同时雨后注意排水，以免烂果和引发病虫害。收获前一周要停止浇水，以利贮藏。冬瓜结果数少，收获期集中，因此追肥也宜适当集中，一般追肥2～3次。第1次结合浇催秧水施用，以有机肥为主，可在畦一侧开沟追施腐熟的优质圈肥，每亩施2000千克，混入过磷酸钙30千克，硫酸铵10千克。定瓜和坐瓜后追施催果肥1～2次，以速效肥为主，可亩施尿素15～20千克，并进行叶面喷磷、喷营养剂2～3次，促使果实肥大充实。

③摘心整枝。冬瓜的生长势强，主蔓每节都能发生侧蔓，而冬瓜以主蔓结瓜为主，为培育健壮主蔓，必须进行整枝、压蔓等。冬瓜

一般采取单蔓整枝，大冬瓜也可适当留侧蔓，以增加叶面积。当植株抽蔓后，可将瓜蔓自右向左旋转半圈至一圈，然后用土压，埋住1～2节茎蔓，不要损伤叶片。通过盘条、压蔓可促进瓜蔓节间生长不定根，以扩大吸收面积，并可防止大风吹断瓜蔓。此外，还可调整植株长势，长势旺的盘圈大些，反之小些或不盘。尽量使瓜蔓在田间分布均匀，便于管理。每株冬瓜秧，应间隔4～5片叶子压蔓一次，共压3～4次，最后使茎蔓延伸到爬蔓畦南侧，以充分利用阳光，增加营养面积，压蔓的同时要结合摘除侧蔓、卷须及多余的雌、雄花，以减少营养消耗。小冬瓜在最后一个瓜前留5～6片叶打顶。

④ 采收。冬瓜由开花到成熟需要35～45天，小冬瓜采收标准不严格，嫩瓜达食用成熟度可随时上市。冬瓜生理成熟的特征是果皮上茸毛消失，果皮变硬且厚，粉皮类型果实布满白粉，颜色由青绿色转变成黄绿色，青皮类型皮色暗绿。采收时要留果柄，并防止碰撞和挤压，以利贮藏。

(3) 大白菜栽培实用技术

① 选用优良的秋冬品种与育苗。秋冬季大白菜栽培是大白菜栽培的主要茬次，于初冬收获，贮藏供冬春食用。一般大白菜采用育苗移栽的方式，在8月上中旬播种育苗，小冬瓜收获后及时整地起垄移栽定植。一般垄距70厘米，株距45厘米，亩栽2 100株左右。在整地时重施基肥和氮磷钾三元复合肥。结合耕耙使基肥与土壤混合均匀。

② 定植后田间管理。大白菜起垄栽培要遵循"深耪沟、浅耪背"的原则，起垄定植的大白菜应加强中耕，分别在缓苗后和莲座中期进行。中耕按照"头锄浅、二锄深、三锄不伤根"的原则进行。定植后及时浇1～2次水，待缓苗成活后即可开始追肥。大白菜播种后采取三水齐苗、五水定棵、小水勤浇的方法，以降低地温，促进根系发育。前期可追施15％的腐熟人粪尿，每亩用量500千克左右。大白菜进入莲座期后，通常每隔5～7天，追施一次30％的腐熟人粪尿，每亩用量1 000千克左右。开始包心后，重施追肥并增施钾肥，每亩可施50％的腐熟人粪尿2 000千克左右，并可追施草木灰100千克，或硫酸钾10～15千克。为了便于追肥，前期要松土、除草2～3次。

结球时对水分要求较高，土壤干燥时可采用沟灌。灌水时应在傍晚或夜间地温降低后进行。

③ 束叶和覆盖。按生长季节种植的大白菜一般不需要束叶。但晚熟品种为了促进结球良好，延迟采收供应，小雪后把外叶扶起来，用绳绑好，并在上面盖上一层农用薄膜，能保护心叶免受冻害，并可起到软化作用。该种植模式下一般亩产秋大白菜 4 000～5 000 千克。

06

六、设施蔬菜生产连作
障碍与解决办法

（一）设施蔬菜连作障碍的概念与发生原因

1. **设施蔬菜连作障碍的概念**　蔬菜连作障碍是指同一块地连续栽培同种或同科的蔬菜作物时，即使在正常管理的情况下，也会发生蔬菜生长势变弱、产量降低、品质下降、土传病害加重和土壤养分失衡亏缺的现象，这一现象我们称为连作障碍。设施生产的特点是一次建造、连续多年利用，基本上都是连年栽培同种或同科蔬菜作物，使得连作栽培成为必然，进而导致设施蔬菜连作障碍也成为必然。

2. **设施蔬菜连作障碍发生的原因**　常见的连作障碍表现是土传病害（特别是根结线虫病）加重、生理性病害（如缺素症等）增加、土壤理化性质恶化（如次生盐渍化、酸化、板结和养分失衡）等。据调查，设施蔬菜一般连作 3 年以上即开始表现连作障碍现象，而且连作障碍棚室的比例及严重程度随连作年限的延长而增加。设施蔬菜连作障碍以土传病害发生最为严重，特别是土传病害的根结线虫病。另外，除土传病害外，土壤养分失衡和土壤次生盐渍化也普遍发生，土壤自毒作用、板结和酸化等发生相对较轻。大量研究表明，土传病虫害、次生盐渍化和自毒作用（根系分泌物和残茬物分解造成自毒产物的积累）是引起连作障碍的主要原因。同时普遍认为，连作障碍是自毒作用、土传病原菌的积累、土壤微生物区系的变化、土壤养分不平衡及土壤理化性状的变化（包括板结、次生盐渍化和酸化）等多因子综合作用的结果。据有关统计，连作造成减产的原因，土传病害占75%以上，自毒作用占9%，缺素症占5%。

连作障碍问题已经成为制约设施蔬菜可持续生产的瓶颈，特别是随着设施蔬菜生产的产业化、专业化和规模化发展，更加剧了蔬菜连作障碍的发生。连作障碍已成为当前和今后一个时期蔬菜产业发展的重大和共性问题。

（二）设施蔬菜连作障碍的基本类型与状况

1. 设施蔬菜连作障碍的基本类型　据对设施蔬菜连作障碍发生情况的调查，可将设施蔬菜连作障碍划分为土传病害、土壤次生盐渍化、土壤养分失衡、土壤酸化、土壤板结和自毒物质积累（自毒作用）6 种主要类型。

2. 设施蔬菜连作障碍的发生状况　据调查，设施蔬菜连作障碍以土传病害的发生最重，土传病害中最为严重的是根结线虫病，大棚发生率达 84.6%，日光温室发生率达 56.9%。根结线虫病在春、秋季都发生，但一般以秋季发生最为严重，特别是大棚秋番茄根结线虫病如果不防治，几乎可达到绝收的程度。地区间、年份间、农户间和蔬菜种类间发生土传病害的情况会有所不同。日光温室土传病害发生情况与大棚基本相同，但发生率比大棚稍低。除根结线虫外其他发生率较高的土传病害依次是根腐病、黄瓜枯萎病、黄瓜蔓枯病、番茄（或辣椒）茎基腐病等。另外，设施蔬菜生产中还有许多其他发生严重的与连作相关的病害，主要有番茄灰霉病、叶霉病、TY 病毒病、晚疫病、早疫病和细菌性溃疡病等，黄瓜霜霉病、疫病、菌核病、靶斑病、白粉病和炭疽病等，芹菜软腐病，西葫芦灰霉病和白粉病等。

除土传病害外，设施蔬菜连作障碍以土壤养分失衡（即生理病害）发生较多，如各种缺素症。土壤次生盐渍化也普遍发生，但大棚次生盐渍化比日光温室轻，下沉式日光温室比非下沉式日光温室重，这可能与大棚揭膜雨淋有关。农作物自毒作用也有存在，但菜农认识不足。土壤酸化现象表现较轻，直观上不明显，但不等于设施土壤没有发生酸化，需进一步测土确定。土壤板结现象在部分地区都有不同程度的存在，表现为土质黏重和透气性变差，这与当地土质类型和耕作制度等有关。自毒作用、土壤酸化和土壤板结这 3 种连作障碍还没有引起菜农的足够重视，大多数菜农只知道连作不好，具体是属于什么连作障碍类型、发生的原因是什么、应采取什么应对措施等都还没有过多或过深的理解与认识。多数菜农对蔬菜连作障碍最直接的感受是连作可引起蔬菜病虫害越来越严重，病害种类增多，一些不明原因的生理病害加重。大多采取的措施是增大用药量，增加追肥量，生产成本进一步上升，同时也会促使设施蔬菜连作障碍进一步加重，形成恶性循环。

设施蔬菜连作障碍总的趋势是随着连作年限的延长蔬菜生长势减弱，病害逐渐加重，产量逐渐降低，品质下降。但无论是大棚还是日光温室，一般连作 3 年以上，就开始出现一些轻微的连作障碍。连作障碍严重程度随连作年限的延长而增加，但设施蔬菜产量下降与否，还与许多因素有关。有些地方连作 7 年左右的日光温室，因后茬种植夏玉米产量未明显下降，这与种植夏玉米有降盐、改土的作用有关。有些地方的日光温室连作 15 年左右，蔬菜产量才有所下降。

总之，设施蔬菜产量的降低与否，最关键的还要看是否加强了各种栽培管理，是否能不断采用新品种、新技术和新产品。

（三）设施蔬菜连作障碍防治措施应用情况与问题建议

1. 当前设施蔬菜连作障碍防治措施应用情况　当前在设施蔬菜生产中菜农对连作障碍采取的防治措施有以下几个。

（1）轮作与倒茬　设施蔬菜如果能做到适度的轮作倒茬，即可大大减轻土传病害的发生。但是大部分农户棚室数较少，难以做到轮作倒茬，病害则呈现逐年加重趋势。个别农业园区拥有棚室数较多，可进行适当的轮作。

（2）采用优良抗病虫蔬菜品种　这是有效地克服连作障碍的技术措施之一，效果良好。如采用一些抗根结线虫病的番茄品种和抗枯萎病的黄瓜品种，防病效果都十分显著。

（3）嫁接育苗　通过嫁接利用抗性强的砧木进行生产，可大大增强蔬菜的抗病性，防治土传病害的效果也十分显著。目前各地设施西瓜、黄瓜大多采取嫁接栽培，茄子、西葫芦和甜瓜等嫁接技术也在一些地区逐渐普及。个别地区番茄采取嫁接育苗防治青枯病，而辣椒尚未见应用嫁接育苗的。值得注意的是嫁接砧木选择既要考虑抗性，又要兼顾砧木对接穗产量和品质的影响。

（4）土壤消毒　目前各地主要是应用高温闷棚进行土壤消毒，少数采取化学药物处理土壤的方法。高温闷棚主要是在夏季休闲期进行，应与施粗肥（如生粪和秸秆肥）、深翻土壤、大水漫灌和晒垡等有机结合。化学药品应用有阿维菌素、阿维·辛硫磷、多菌灵、百菌清（熏蒸用）、高锰酸钾、噁霉灵（又名绿亨1号、土菌消）等。

（5）有机肥和生物肥的应用　增施有机肥是克服连作障碍的重要措施之一。重施有机肥，特别是生物有机肥，其他拮抗微生物（如拮抗菌）、有益微生物（如菌根菌）等也有应用。

（6）加强病虫害防治　病虫害加重是连作障碍的主要表现。据各地经验，设施蔬菜病虫害防治关键是提早预防，若能把防治工作做到前面，防治病虫害效果则会更显著。

（7）加强水肥管理　主要有水肥一体化、膜下暗灌以及蔬菜全营养冲施肥、根外追肥、配方施肥、沼渣肥的应用等常规措施。

（8）土壤耕作与改良　主要有早揭棚膜、充分雨淋、深翻地、晒地、高垄栽培、增施土壤改良剂（防板结）、种植夏玉米和土壤休闲等。

（9）加强育苗管理　主要是普遍采用穴盘基质育苗，严格进行基质或床土的消毒，苗期灌杀菌剂等防治病害。

2. 设施蔬菜连作障碍防治存在的问题

（1）种植农户对设施蔬菜连作障碍的认识不足　大多数农户只知道连作不好，但对于具体都属于什么连作障碍类型，发生的原因是什么、应采取什么应对措施等问题，没有过多或过深的理解和认识。因此，防治连作障碍的措施比较单一，一些综合的或集成的技术措施应用不够，缺乏防治连作障碍的整体技术对策。

（2）种植农户对设施蔬菜的土壤状况了解不多　一般农户都对自己棚室土壤的基础测量数据不了解，农户期盼当地农业技术部门对棚室进行测土，以便做到测土施肥，合理施肥，采用针对性技术措施，以减轻连作障碍的发生。

(3) 农药与肥料投入持续增加　当前，不争的事实是各地设施蔬菜生产要维持一定的水平，农药和肥料等生产投入必然增加，这都与连作障碍的加剧有密切的关系。

3. 设施蔬菜连作障碍防治的对策建议

(1) 加深设施蔬菜土壤耕层　目前，设施土壤的耕作主要依靠小型旋耕机，耕深 15 厘米左右，造成犁底层变浅，不仅影响蔬菜根系生长及产量的提高，而且不利于克服土壤次生盐渍化和板结。一些地方采取人工翻地 30～40 厘米，土壤板结和盐渍化程度减轻，其他连作障碍问题也表现较轻。因此，深耕翻地是减轻设施连作障碍及保持土地持续健康的有效措施之一。

(2) 综合应用常规农艺措施及新技术　一些地方连作 20～30 年的棚室还在继续生产，且产量没有明显下降，这与菜农有意识地采取一些实用技术有关。广大菜农采取的一些传统的或朴素的技术措施，如深翻、晒土、调茬、休闲及揭棚膜等，都有克服和减轻连作障碍的显著效果。因此，重视农户的技术培训、提高农户对连作障碍的认识水平，加强实用技术及新技术的普及推广，积极采取应对技术措施，坚持不懈地采取轮作、嫁接、施秸秆肥、施生物肥、土壤改良、生物防治和土壤消毒等多项措施，可使设施蔬菜连作障碍现象明显减轻或消除。

(3) 坚持施用生物有机肥　目前证明施用生物有机肥对减轻连作障碍的效果较为显著，但受土壤各种环境条件的影响，生物菌的活动及繁殖也会消长。因此，生物有机肥的施用不是一劳永逸的，必须强调年年施用和茬茬施用，才能突显其效果。特别是各地普遍采取的高温闷棚技术措施，消毒的同时也杀死了土壤中的有益菌，只能通过施用生物有机肥补充有益菌。值得注意的是，当前农资市场上生物有机肥泛滥，要仔细甄别，尽量选用大企业或知名度高的农资品牌，选购效果较好的生物有机肥。

(4) 根治鸡粪的污染问题　鸡粪是各地施用较多的有机肥，但当前存在施用量大、未腐熟及加工鸡粪质量差等现实问题，特别是连续施用带来设施土壤次生盐渍化、重金属超标等问题也是不争的事实。

建议增施腐熟的牛粪、羊粪及秸秆肥，改善设施土壤基肥结构。

（5）普及设施蔬菜嫁接技术　当前，嫁接已经成为设施蔬菜克服土传病害的有效手段。对于目前市场众多的嫁接砧木品种，必须进行筛选与优化，以达到既能减轻或克服设施蔬菜连作障碍，又能提高蔬菜产量与品质的目的。

（6）进一步搞好设施蔬菜生理病害的研究　除土传病害外，发生较多的设施蔬菜连作障碍类型为土壤养分失衡（即生理病害），如设施番茄和黄瓜等蔬菜缺素症，各种类型的连作障碍都应引起大家的足够重视，相关研究工作也亟待加强。

综上所述，设施蔬菜连作障碍是一个极其复杂的问题，它涉及土壤养分、土壤理化性状、病害、根际微生物、根系分泌物等多个方面，不同蔬菜产生连作障碍的主因又不尽相同。设施蔬菜连作障碍是多年形成的，已经成为当前和今后蔬菜产业发展的重大共性问题。所以，今后需要进一步对设施蔬菜土壤进行取样分析与研究，把连作障碍进行分级分类，以便采取集成化应对技术措施，克服或减轻设施蔬菜连作障碍，有效促进设施蔬菜生产的可持续发展与蔬菜产业振兴。

七、蔬菜作物病虫害绿色防治技术

（一）蔬菜病害

1. 蔬菜主要真菌性病害的识别与防治

① 疫病。黄瓜、冬瓜、辣椒、番茄、豇豆、菜豆、韭菜等均可发生疫病，疫病俗称"死藤""发瘟"。植株各部位均可受侵染。茎部多在分权处（茎节上）、茎基部发病，根部、叶、花、果均可受害，病部呈暗绿色或褐色水渍状湿腐病斑，常长出灰白色霉状物。高温多雨季节、低洼地易发病，发病后未及时防治会迅速蔓延成灾。

② 霜霉病。黄瓜、瓠瓜、西葫芦、苦瓜、冬瓜、西甜瓜、大（小）白菜、萝卜、甘蓝、芥菜、菠菜、生菜、莴笋、洋葱等蔬菜均可发生不同种霜霉菌引起的霜霉病。苗期即可发病，主要侵染叶片，病斑因受叶脉限制而呈多角形，由黄色转至黄褐色而干枯，叶背面常因不同霜霉菌而出现白色或灰色至紫色、黑色的霉状物。病原体主要靠气流传播，传播速度快，重病田一片枯黄，俗称"跑马干"。

③ 白粉病。黄瓜、西葫芦、南瓜、甜瓜、豌豆、菜豆、豇豆、辣椒、番茄等均可发生白粉病。病菌主要危害叶片，叶片正反面被白色粉状霉状物所覆盖，影响光合作用，后期叶片黄褐色干枯，叶柄、茎部、豆荚也可染病。

④ 炭疽病。西甜瓜、黄瓜、冬瓜、瓠瓜、菜豆、豇豆、辣（甜）椒、大（小）白菜、萝卜、菠菜、莲藕、山药、魔芋等均可发生炭疽病，危害叶片、茎、果实。在温暖（17～25 ℃）高湿条件下易发病。叶片受害表现出近圆形的褐色斑点，常变薄如纸，易破裂穿孔。茎枝上病斑为近棱形。果实上现椭圆形或不规则形褐色凹斑，斑面上生不

规则环纹，其上轮生小黑点或朱红色小点。

⑤枯萎病。番茄、茄子、辣椒、西瓜、黄瓜、冬瓜、甜瓜、豇豆、菜豆、莲藕等均可发生枯萎病，苗期、成株期均可受害。受害叶片自下而上先变黄后逐渐萎蔫，纵剖病茎可见维管束变褐，茎基部呈褐色湿腐状，根亦变褐腐烂。潮湿时病部可现黄白色、粉红色或淡紫色的霉层。

⑥菌核病。甘蓝、白菜、萝卜、番茄、茄子、辣椒、马铃薯、莴笋、生菜、菜豆、黄瓜、胡萝卜、韭菜等均可发生菌核病，危害叶、茎和果实。受害部位呈水渍状腐烂（但无恶臭），表面密生白色絮状菌丝体，后期夹有黑色鼠粪状的菌核。

⑦灰霉病。番茄、茄子、辣椒、菜豆、南瓜、西葫芦、洋葱、韭菜、芹菜、莴笋等均可发生灰霉病。幼苗及花、果、叶、茎均可受害。叶片发病一般由叶尖开始，病斑呈 V 形，灰褐色。茎部受害后当病斑绕茎 1 周时，其上部萎蔫枯死。受害部呈水渍状腐烂，潮湿时病部密生灰色霉状物。湿度大、温度较低时易发病，冬春低温季节的苗床和棚室栽培的蔬菜常发病较重。

⑧锈病。菜豆、豇豆、蚕豆、毛豆、韭菜、洋葱、大葱等均可发生锈病，叶片、花梗、荚果等易受害。病部初呈稍隆起的椭圆形橙黄色小疱斑，疱斑破裂散生橙黄色粉状物（夏孢子）；后期病部现黑色疱斑，疱斑破裂散出黑粉（冬孢子）。

真菌性病害还有如豆类、茄果类、瓜类等多种蔬菜的根腐病，植株受害后根系及根茎部腐烂，最终萎蔫枯死；茄果类蔬菜的白绢病，受害病株茎基部和根部呈暗褐色水渍状，表面生白色绢丝状物，后期可出现菌核，病斑扩大绕茎 1 周后地上部萎蔫而死；茄果类及马铃薯的早疫病，叶片受害后产生褐色病斑，其上有明显同心轮纹；番茄斑枯病，主要危害叶片，叶的正反面生较小（直径 1.5～4.5 毫米）的近圆形病斑，边缘暗绿色，中央灰白色，斑面散生黑色小点；茄子褐纹病，叶、茎和果实均可发病，病斑边缘深褐色，中央灰白色，斑面有轮纹，着生许多黑色小粒点；十字花科蔬菜及瓜类蔬菜的根肿病，病株根部肿大呈瘤状；洋葱等葱类的紫斑病，病株叶和花梗上产生椭圆形或纺锤形紫褐色病斑，其上生同心轮纹，潮湿时产生黑褐色霉状物；多种蔬菜苗期易发生的猝倒病、立枯病等。

真菌性病害的防治以农业防治为主，如选用抗病品种；实行轮作制；增施有机肥和磷、钾肥；土地深耕，晒垡或冻垡；深沟高畦栽培，雨后及时排水；棚室内使用滴灌设施，覆盖地膜，适时通风排湿；高温闷棚法防治瓜类霜霉病；种子干热处理或温汤浸种；嫁接育苗防治枯萎病等土传病害。在农业防治的基础上，发病之前最好先喷农药进行预防，发病初期一定要及时用药控制病害的发展。防治真菌性病害的药剂有很多，常用的有波尔多液（白菜类等十字花科蔬菜不用波尔多液，瓜类只能用石灰半量式波尔多液）、氢氧化铜、琥珀酸铜、络氨铜等铜制剂，防治效果较好，价格便宜，不产生抗药性；还可用多菌灵、百菌清（达科宁）、甲基硫菌灵、代森锰锌、甲霜灵与霜霉威盐酸盐等。抗生素新农药多抗霉素对多种真菌性病害防治效果好，对动物无毒性；生物农药菌立克对真菌性、细菌性病害、病毒病都有较好的防治效果；由铜制剂与抗生素混配的新型广谱杀菌剂春雷王铜，对多种真菌和细菌性病害均有良好防治效果。对白粉病、锈病用三唑酮（白粉病还可用嘧啶核苷类抗生素等），白绢病和根肿病用五氯硝基苯，灰霉病用多抗霉素和新农药嘧霉胺防治效果更好。烯酰吗啉、吡唑醚菌酯对霜霉病、疫病有特效。对危害茎、叶、果实的病害宜用药液喷雾。危害根和茎基部的病害及土传病害宜用药液灌根。危害整株的病害宜喷雾与灌根相结合。棚室栽培的蔬菜宜用醛类、酚类等烟雾剂熏烟，或用百菌清等粉尘剂喷粉。

2. 蔬菜主要细菌性病害的识别与防治

① 软腐病。白菜、甘蓝、花椰菜、辣（甜）椒、番茄、马铃薯、生菜、洋葱、胡萝卜、黄瓜、芋等多种蔬菜均可发生软腐病。病株叶萎垂，后软腐。病部腐烂发臭，溢出鼻涕状的黏液（菌脓）。姜瘟病也是这一类病。

② 青枯病。番茄、辣椒、茄子、马铃薯、萝卜、毛豆、花生等30多科100多种植物均可发生青枯病。病株自上而下逐渐萎蔫、枯死，叶片仍保持绿色，不脱落。纵剖茎部可见其维管束变褐色；切取一段病茎置于盛满清水的玻璃杯中，可见有乳白色絮状物（菌脓）溢

出。高温高湿气候，低洼湿地，酸性和沙性土壤种植的作物易发病。

③ 细菌性斑点病。一是辣（甜）椒、番茄的疮痂病。叶片上生不规则形褐色病斑，中部稍凹陷，表面呈疮痂状；果实上初生疱疹状褐色小斑点，扩大后为长圆形稍隆起的黑褐色疮痂状斑块。二是黄瓜、甜瓜、苦瓜、西瓜等瓜类作物的角斑病。叶片受害初生油渍状（霜霉病为水渍状）斑点，扩大后呈多角形，淡黄色或灰白色，病斑有透光现象（霜霉病没有透光现象），干燥后易穿孔脱落（霜霉病不穿孔脱落），潮湿时病部叶背溢出白色黏液。病果受害现水渍状褐色凹陷斑，分泌出白色黏液。三是甘蓝、花椰菜、白菜等蔬菜的黑腐病。叶片从叶缘现 V 形扩展的黄褐色病斑，叶脉变黑呈网状。四是芋细菌性斑点病。危害叶片，呈现椭圆形或不规则形褐斑，边缘黑褐色，中央淡褐色，常发生龟裂或穿孔。

防治细菌性病害，除上述对真菌性病害的农业防治措施之外，还要及时灭虫，减少虫害伤口，少中耕或不中耕，小心进行田间作业，减少植株伤口，避免病原菌从伤口侵入。防治细菌性病害的药剂较少，防治效果不太理想，主要用抗生素如春雷霉素等，用氢氧化铜、春雷·王铜、络氨铜、代森铵等也有一定防治效果。大白菜软腐病用菜丰宁 B1，青枯病用生物农药康地雷德多粘类芽孢杆菌剂、青萎散荧光假单孢杆菌剂防治效果较好。

3. **蔬菜病毒病的识别与防治**　白菜、萝卜、菠菜、芹菜、莴笋等以及瓜类、豆类、葱蒜类等多种蔬菜均可受病毒病危害，病毒病有 4 大病状。一是花叶，叶片出现浓绿与淡绿相间的斑驳，有的叶面凹凸不平。二是黄化，病株从嫩叶开始变黄、变脆，然后出现落叶、落花、落果的现象。三是畸形，植株矮化、卷叶、皱缩、病叶呈蕨叶状，分枝极多，呈丛枝状。四是坏死，病株部分组织变褐坏死，表现为茎尖干枯（顶枯），茎、叶、果实出现条斑、环斑、坏死斑及黑点。病毒病在高温、干旱条件下易发生，可通过蚜虫等昆虫传播，也可在机械接触时通过汁液传播，喜温性植物遇到低温也易发病。防治病毒病要选用抗病品种；种子用 10％磷酸三钠溶液浸种消毒；炎热季节遮阳降温，彻底灭蚜；及时拔除重病株；加强肥水管理，增强植株抗性；还可利用弱毒性病毒进行人工免疫，以减轻危害，如喷嘧肽霉素、宁南霉素、葡聚烯糖、吗胍·硫酸铜、吗啉胍·乙酸铜、氨基寡糖素等，还可喷细胞分裂素、萘乙酸、芸薹素内脂等生长调节剂，硫酸锌、高锰酸钾也有辅助作用。

4. 蔬菜线虫病的识别与防治　番茄、黄瓜、菜豆、芹菜、莴笋以及甘蓝、大白菜等十字花科蔬菜等均可受线虫病危害。受害植株矮小、高温干旱时萎蔫，根系畸形，须根丛生，在侧根、须根上形成瘤状物，剖开瘤疖可见很小的白色小虫。防治线虫病要水旱轮作；深耕地，将线虫分布的 3~9 厘米深的表土翻入 20 厘米以下；用药剂处理土壤，如阿维菌素颗粒剂、甲氨基阿维菌素苯甲酸盐乳油、三唑磷微胶囊剂等；发病初期用敌百虫、辛硫磷等药液灌根。

（二）蔬菜虫害

1. 蔬菜害虫的种类

（1）鳞翅目害虫　成虫多称为蛾或蝶，一生中经过卵、幼虫、蛹、成虫四个虫态，幼虫统称为青虫、毛毛虫等，以幼虫咬食作物的根、茎、叶、果实等危害，是蔬菜害虫的一个主要类群。在十字花科蔬菜中，主要害虫多为鳞翅目害虫，如菜蛾、菜粉蝶、斜纹夜蛾、甜菜夜蛾、棉铃虫、小地老虎等。

（2）同翅目害虫　成虫个体一般较小，前翅质地一致，膜质或革质，具有刺吸式口器。这类害虫一生中经过卵、若虫、成虫三个虫态，其中蚜虫常以孤雌胎生方式繁殖，故种群中常只出现若虫、成虫两个虫态。若虫、成虫常群集在植株叶片和嫩茎上吸食汁液，并能传播蔬菜病毒病，是蔬菜害虫中另一个主要类群。这一类害虫主要包括蚜虫和粉虱，如桃蚜、萝卜蚜、甘蓝蚜、烟粉虱、白粉虱等，其次是一些叶蝉等。

（3）鞘翅目害虫　成虫多称为甲虫。这类害虫一生中经过卵、幼虫、蛹、成虫四个虫态，多以幼虫在地下取食根或块茎危害，成虫取食叶片。这类害虫包括黄曲条跳甲及东北大黑金龟子、华北大黑金龟子、江南大黑金龟子、铜绿金龟子等。

（4）双翅目害虫　成虫多称为蝇、蚊等，一生中经过卵、幼虫、蛹和成虫四个虫态。危害蔬菜的主要是蝇，其幼虫统称为蛆，以幼虫取食植株根部或潜入叶肉等组织危害。这类害虫包括萝卜地种蝇、豌豆潜叶蝇、美洲斑潜蝇等。

（5）螨类　这类害虫中危害蔬菜的主要是叶螨，一生中经过卵、幼螨（3对足）、若螨（4对足）、成螨四个阶段。常以幼螨、若螨、成螨群集在植物叶片上刺吸汁液。

（6）软体动物　主要包括蜗牛和蛞蝓。蜗牛以幼贝、成贝用齿舌刮食植物叶、茎，或咬断幼苗危害。常见的有灰巴蜗牛、同型巴蜗牛。蛞蝓以幼体和成体取食叶片危害，常见的有野蛞蝓。在地下水位高、潮湿的菜地里，蜗牛和蛞蝓常危害严重。

2. 蔬菜害虫的危害方式及症状

（1）危害方式　害虫的危害方式主要取决于各种害虫的形态构造和生物学特性。主要通过取食植物体而直接危害，故危害方式可依据害虫的取食习性归为以下几类。①咬食。如菜蛾、菜粉蝶、斜纹夜蛾、甜菜夜蛾等咬食植物叶片；小地老虎、蛴螬等咬食植株的根和茎。②刺吸汁液。如各种蚜虫、叶螨、烟粉虱刺吸植物叶、芽、茎等器官的汁液。③蛀食。地蛆、黄曲条跳甲幼虫等蛀食植物花蕾、果实、种子、茎或根。④潜叶危害。如豌豆潜叶蝇、菜蛾低龄幼虫等潜入叶片内取食叶肉组织。除取食外，其他的危害方式还包括传播植物病害，如蚜虫可传播多种病毒病，同时蚜虫还可分泌大量蜜露于叶片上，影响植物光合作用并导致霉污病的发生。

（2）受害症状　植物受害的症状常依危害方式而异。但同一危害方式也可造成不同的受害症状。如受害叶片常出现孔洞或缺刻，或仅留叶脉，或叶肉被食仅留表皮；被刺吸的叶片常出现卷缩、发黄、生长停滞，受叶螨刺吸危害的叶片多呈火红色；叶肉被潜食的叶片上常形成白色弯曲的隧道等。花、果实等受害后常形成蛀孔、留有虫粪等。根、茎受害后常造成幼苗萎蔫、断苗、死苗。

3. 蔬菜害虫防治

（1）药剂浸根　蔬菜定植前、分苗前用50％辛硫磷乳剂1 000倍液浸根或灌根，可消灭地下害虫，防止害虫进入菜田。

（2）消灭害虫于苗床之中　定植前，在苗床内集中喷药，防止蚜虫等害虫进入菜田，增加防治难度。

（3）**人工灭虫** 经常在田间检查，若发现虫卵、幼虫集中地和成虫集中地，可用人工摘除的方法灭虫。

（4）**趋光诱杀** 指利用昆虫对光有很强的趋性来诱集害虫，同时使用物理或化学方法将害虫集中杀灭。依据这个原理可以设计多种光诱捕器。广泛应用的有频振式杀虫灯、高压汞灯和黑光灯等。其中，频振式杀虫灯效果很好，能诱杀的菜田害虫可达 17 科 30 多种，包括斜纹夜蛾、甜菜夜蛾、豆野螟、地老虎、大猿叶虫、跳甲、蝼蛄等。也可每公顷菜地设 1 盏黑光灯，灯下放一盆溶有少量洗衣粉的水，以此诱杀害虫。此外，还可利用地老虎、甘蓝夜蛾等害虫成虫的趋光性、趋化性，在成虫发生期在田间放置糖醋诱虫液、性诱杀剂等诱杀成虫，以减少产卵量。

（5）**喷灌** 有条件的地方可利用喷灌设施，喷出的水流可消灭部分蚜虫和白粉虱。

（6）**黄板诱杀** 黄板诱杀原理就是利用害虫对黄色有较强的趋性，诱杀如潜叶蝇、白粉虱、翅蚜等小型害虫，是一种行之有效的无公害物理灭虫措施，对斑潜蝇、白粉虱、蚜虫等害虫的诱杀率达 70％以上。采用黄板诱杀害虫无污染、对人畜无害、操作简单、见效快，可减少药剂防治 4～5 次，提高产量 10％～15％。方法是每亩用 25 厘米×40 厘米的黄板 25 块，一般每个大棚 10～12 块，采用蛇型安装，略高于所种植的蔬菜即可，安装一段时间后，一旦黄板粘满害虫，应立即更换或重新涂抹机油后再使用，但成品黄板的诱杀效果要明显高于自制的或重新涂油的旧黄板。

（7）**撒毒谷、毒土** 在田间撒施拌有敌百虫的麦麸可毒杀蝼蛄。撒施拌有敌百虫的毒土，可毒杀蛴螬。

（8）**生物防治** 大致可以分为以虫治虫、以鸟治虫和以菌治虫三大类，是降低杂草和害虫等有害生物种群密度的一种方法。它利用了生物物种间相互制约的关系，以一种或一类生物抑制另一种或另一类生物。它最大的优点是不污染环境，是农药等非生物防治方法所不能比的。如在温室白粉虱发生初期，释放丽蚜小蜂，每 12～14 天释放 1 次，可消灭大量的白粉虱。

(9) 生物药剂防治 利用生物药剂如灭幼脲 3 号等无公害生物农药防治红蜘蛛、甘蓝夜蛾等害虫，可有效地减少农药残毒污染。

(10) 高温杀虫 指利用持续高温使害虫体内蛋白质变性失活，酶系统受到破坏，最终导致害虫死亡的一种方法，主要操作方式有三。一是温汤浸种。瓜类、茄果类蔬菜的种子用 55 ℃左右的温水浸种 10～15 分钟，豆科和十字花科蔬菜种子用 40～50 ℃温水浸种 10～15 分钟，都能起到对种子消毒杀菌、杀灭虫卵和预防苗期发病的作用。二是高温闷棚。夏季在菜地覆盖地膜，利用高温闷棚，在 60 ℃以上的温度条件下处理 7～10 天，可杀死土表和棚内的病菌、虫卵和害虫。三是高温堆肥杀灭害虫。作为蔬菜基肥的有机肥或土杂肥，多带有病菌和害虫，在施用前 1～2 个月进行发酵处理，使堆温达到 70 ℃，可有效地杀灭病虫害。

(11) 化学药剂防治 在害虫发生较严重时，必须进行化学药剂防治。化学药剂的使用要遵循保护天敌、喷药与采收有足够的安全间隔期、低毒、低残留等原则。

每一害虫的生命周期中都有一段抗药性最弱和最强的时期。如幼虫在初孵化群聚期的抗药性最弱，此期用药效果最好，也较省工。而害虫在蛹期的抗药性最强，此期用药往往事倍功半。因此，在用药剂防治害虫时，一定要选择合适的时期。

（三）蔬菜病虫害绿色防控措施

病虫害绿色防控技术其内涵就是遵循"绿色植保"的理念，采用农业防治、物理防治、生物防治、生态调控以及科学、合理、安全地使用农药的方法，达到有效控制农作物病虫害，确保农作物生产安全、农产品质量安全和农业生态环境安全的目的。

控制有害生物危害的途径有以下三个。①消灭或抑制其发生与蔓延。②提高寄主植物的抵抗能力。③控制或改进环境条件，使之有利于寄主植物而不利于有害生物。

蔬菜病虫害的防治，必须贯彻"预防为主，综合防治"的方针。从农业生产的全局出发，以预防为主，创造不利于病虫发生危害、有利于作物生长发育和有益生物存在繁殖的条件。要因地、因时、因病虫害发生的种类，因地制宜地协调运用必要的防治措施，加强植物检疫，综合运用农业、物理、生物、化学等防治措施，以达到最好的防治效果。

1. **加强植物检疫** 根据国家的植物检疫法律法规，严格执行检疫措施，防止危险性病虫如黄瓜黑星病、番茄溃疡病、美洲斑潜蝇等随蔬菜种子、秧苗、植株等的调运而传播蔓延。

2. **农业措施** 农业措施防治就是利用农业生产中的耕作栽培技术，调整和改善作物的生长环境，以增强作物对病虫害的抵抗力，消灭、避免或减轻病虫造成的危害的方法，是抑制和消灭病虫害、实现丰产丰收的根本措施。

(1) 选用抗（耐）病虫品种 选用抗（耐）病虫品种是防治蔬菜病虫害最根本，也是既经济又有效的措施。可以结合当地种植的蔬菜种类和病虫害发生情况，因地制宜选用抗病虫害品种，减轻病虫危害。

(2) 培育壮苗 培育无病壮苗，防止苗期发生病虫害。育苗场地应与生产地隔离，防止生产地病虫传入。育苗前苗床（或苗房）彻底清除枯枝残叶和杂草。可采用培养钵育苗，营养土要用无病土，同时施用腐熟的有机肥。加强育苗管理，及时处理病虫害，最后淘汰病苗，选用无病虫壮苗移植。

(3) 清洁田园 病虫多数在田园的残株、落叶、杂草或土壤中越冬、越夏或栖息。在播种和定植前，结合整地收拾病株残体，铲除田间及四周杂草，清除病虫寄主。在蔬菜生长过程中及时清除已经被病虫危害的叶片、果实或植株，带出田外深埋或烧毁。

(4) 合理轮作、间作、套种 蔬菜连作是引发和加重病虫危害的一个重要原因。在生产中按不同的蔬菜品种，实行有计划的轮作倒茬、间作套种，既可改变土壤的理化性质，提高肥力，又可减少病源、虫源积累，减轻危害。如与葱、蒜轮作，能够减轻果菜类蔬菜的真菌性、细菌性和线虫病害；水旱轮作可明显减轻番茄溃疡病、青枯病、瓜类枯萎病和各种线虫病等病害。

(5) 深耕晒垄 深耕可将土表的蔬菜病残体、落叶埋至土壤深层腐烂，并将地下的害虫、病原菌翻到地表，受到天敌啄食或严寒冻死，从而降低病虫基数。而且土壤疏松，有利于蔬菜根系发育，提高植株抗逆性。

（6）合理布局和调整播种期 合理布局就是合理安排种植茬口。每一种病原物都有一定的寄主范围，如果茬口安排不当，就会使同一种病虫害发生较重。合理选择适宜的播种期，可以避开某些病虫害的发生、传播和危害盛期，从而减轻病虫危害。

（7）科学施肥 科学施肥能改善植物的营养条件，提高植物的抗病虫能力。应以施有机肥为主，适施化肥，增施磷、钾肥及各种微肥。施足底肥，勤追肥，结合喷施叶面肥，杜绝施用未腐熟的肥料。氮肥施用过多会加重病虫害的发生，如茄果类蔬菜绵疫病、烟青虫等。施用未腐熟有机肥，可招致蛴螬、种蝇等地下害虫危害加重，并引发根、茎基部病害发生。

（8）嫁接防病 嫁接技术的广泛应用有效地减轻了许多蔬菜的病虫害。瓜类、茄果类蔬菜嫁接可有效防治瓜类枯萎病、茄子黄萎病、番茄青枯病等多种病害。

3. **物理措施** 物理措施防治病虫害，主要包括利用高温杀死种子和土壤中的病原菌和虫卵，利用光、色诱杀害虫或驱避害虫，覆盖畦面防杂草等。应用物理方法防治蔬菜病虫害，可有效降低病虫害的发生，减少农药使用量，提高蔬菜品质。

（1）高温杀虫灭菌

① 温汤浸种。用 55 ℃左右的温水浸泡蔬菜种子 10～15 分钟或将一些种皮较厚的大粒种子如豆类种子，在沸水中烫数秒钟后，捞起晒干贮藏不会生虫。在 70 ℃的恒温状态下干热处理茄果类、瓜类种子，可使病毒钝化。

② 高温闷棚。在黄瓜霜霉病发生初期，可利用高温闷棚的方法杀死病原菌，同时还可杀死一部分白粉虱。也可在夏季用高温闷棚，即将大棚土壤深翻，关闭大棚或在露地用塑料薄膜覆盖畦面，使大棚与膜下温度达 70 ℃以上，从而杀灭病虫。

③ 传统方法。用枝叶、杂草烧烤土壤，冬季利用冰雪覆盖土壤，也可以杀灭土壤中的病虫。

(2) 诱杀害虫 诱杀害虫是根据害虫的趋光性、趋化性等特性，将害虫诱集杀死的一种方法。这种方法简单易行、投资少、效果好，是发展无公害蔬菜生产的主要技术措施之一。主要诱杀方法如下。

① 频振式杀虫灯。该技术利用害虫对光源、波长、颜色、气味的趋性，选用了对害虫有极强诱杀作用的光源和波长，引诱害虫扑灯，然后通过电网杀死害虫，能有效地防止害虫危害，控制化学农药的使用，减少环境污染。由于该灯对天敌杀害力小，在实际应用中保护了大量天敌，维护了生态平衡。利用频振式杀虫灯，诱杀虫量大、杀谱广，能诱杀鳞翅目、鞘翅目、双翅目、同翅目共计 4 个目 11 个科的 200 多种害虫。

② 糖醋毒液诱蛾。用糖 3 份、醋 4 份、酒 1 份和水 2 份，配成糖醋液，并在糖醋液内按 5％的比例加入 90％晶体敌百虫，然后把盛有毒液的钵放在菜地里高 1 米的土堆上，每亩放糖醋液钵 3 个，白天盖好，晚上打开，可诱杀斜纹夜蛾、甘蓝夜蛾、银纹夜蛾、小地老虎等害虫成虫。

③ 杨柳树枝诱蛾。将长约 60 厘米的半枯萎的杨树枝、柳树枝、榆树枝按每 10 支捆成一束，基部一端绑一根小木棍，并蘸 90％的晶体敌百虫 300 倍液，每亩插 5～10 束，可诱杀烟青虫、棉铃虫、黏虫、斜纹夜蛾、银纹夜蛾等害虫成虫。

④ 毒饵诱杀地老虎。在幼虫发生期，采集新鲜嫩草，把 90％晶体敌百虫 50 克溶解在 11 升温水中，然后均匀喷洒到嫩草上，于傍晚放置在被害株旁或洒于作物行间，进行毒饵诱杀。

⑤ 黄板诱蚜。在 30 厘米×30 厘米的纸板上正反两面刷上黄漆，干后在板上刷一层 10 号机油（可利用厂家制作的专用黄板），每亩菜地的行间竖立放置 10～15 块板，黄板要高于植株 30 厘米，可诱杀蚜虫、温室白粉虱和美洲斑潜蝇等害虫，防止其迁飞扩散危害。

(3) 阻隔害虫 害虫发生较重大棚的通风口覆盖防虫网，可以阻隔害虫，防止害虫迁飞。一般使用 24～30 目的防虫网就可防止如小菜蛾、菜青虫、斜纹夜蛾、甜菜蛾、蚜虫以及潜叶蝇等害虫的迁飞和侵入。

(4) 驱避害虫 利用蚜虫对银灰色的负趋向性，将银灰色薄膜覆盖于地面，方法同覆盖地膜，可收到较好的避蚜效果。

(5) 人工捕杀 对于金龟子、棉铃虫等虫体较大的害虫，发生初期，可及时人工捕捉。有些产卵集中成块或刚孵化取食时，应及时摘除虫叶销毁，在成虫迁飞高峰可用网带捕捉、集中销毁。

(6) 覆盖除草 利用黑色、绿色地膜或树叶、稻草、木屑、泥炭、纸屑等覆盖栽培畦面或作业道的地面，均能起到防除杂草、间接消灭害虫的作用。

4. 生物措施 生物措施防治是指利用有益微生物及其衍生产品来防治病虫害的方法。以菌治虫、以虫治虫、以抗生素防治病虫害或以各种生物制剂防治病虫害，可取代部分化学农药。由于生物防治经济安全，对蔬菜及环境污染小且不伤害天敌，害虫不易产生抗药性，近年来得到了大面积的推广应用。

(1) 利用昆虫天敌防治 如用赤眼蜂防治菜青虫、小菜蛾、斜纹夜蛾、菜螟、棉铃虫等鳞翅目害虫，草蛉可捕食蚜虫、粉虱、叶螨等多种鳞翅目害虫卵和初孵幼虫，丽蚜小蜂可防治白粉虱，捕食性蜘蛛可防治螨类，瓢虫、食蚜蝇、猎蝽等也是捕食性天敌。

(2) 微生物防治 苏云金杆菌（BT）、白僵菌、绿僵菌可防治小菜蛾、菜青虫；昆虫病毒如甜菜夜蛾核型多角体病毒可防治甜菜夜蛾，棉铃虫核型多角体病毒可防治棉铃虫和烟青虫；阿维菌素类抗生素、微孢子虫等原生动物也可杀虫。

(3) 生物药剂防治 农用抗生素如嘧啶核苷类抗生素和多抗霉素可防治猝倒病、霜霉病、白粉病、枯萎病、黑斑病和疫病；井冈霉素可防治立枯病、白绢病、纹枯病等；中生菌素、春雷霉素可防治软腐病和细菌斑点病等多种细菌性病害；黄瓜花叶病毒卫生疫苗 S32 和烟草花叶病毒疫苗 N14 可防治病毒病；植物源农药如印棟素、黎芦碱醇溶液可减轻小菜蛾、甜菜夜蛾、烟粉虱等害虫的危害；苦参碱、苦棟、烟碱、菜喜等对多种害虫有一定的防治作用。

5. 化学措施 化学措施防治是使用化学药剂来防治蔬菜病虫害的有效手段。化学措施防治见效快、防效高、使用方便，尤其对控制暴发性病虫害及繁殖速度快的害虫有明显效果。关键在于要科学合理地用药，既要防治病虫害，又要减少污染，把蔬菜中的农药残留量控制在安全的范围内。

(1) 正确选用药剂 根据病虫害种类、农药性质，采用不同的杀菌剂和杀虫剂来防治，做到对症下药。所有使用的农药都必须经过农业农村部农药检定所登记，不能使用未取得登记和没有生产许可证的农药，特别是无厂名、无药名、无说明的伪劣农药。蔬菜主要病害防治常用高效低毒、无残留的农药，禁止使用高毒、高残留农药。

(2) 掌握用药时机 根据病虫害的发病规律，做好提前预防。要找出薄弱环节，及时用药，能够收到事半功倍的效果。

(3) 看天气用药 一般应在无风的晴天进行，气温对药效也有一定的影响。所以要根据天气情况，灵活使用农药。

(4) 严格遵守农药安全使用准则 ①严格掌握安全间隔期。各种农药的安全间隔期不同，一般是夏季为 7 天、冬季 10 天左右。②严格按规定用药。遵守农药使用的范围、防治对象、用药量、用药限次等事项，不得盲目更改。③遵守农药安全操作规程。农药应存放在安全的地方，配药人员要带胶皮手套，拌过药的种子应尽量用机械播种，使用农药人员必须全身防护，操作时禁止吸烟、喝水、吃东西；不能擦嘴、擦脸、擦眼睛。每天用药时间一般不得超过 6 小时，如出现不良反应，应立即脱去污染的衣服鞋帽手套，漱口，擦洗手、脸和皮肤等暴露部位，并及时到医院治疗。

(5) 交替轮换用药 一种药剂使用 2~3 次后，如果效果不是很明显，为防病虫产生抗药性，就要交替使用另一种药剂。喷药时，可以把两种或两种以上的农药混合使用，正确复配，治病兼治虫，省时省工。但混合使用时，要了解各种农药的性能，要注意同类性质的农药相混配，中性与酸性的也能混合，但凡是在碱性条件下易分解的有机磷杀虫剂以及西维因、代森铵等都不能和石硫合剂、波尔多液混用。农药混用还要注意混用后对作物是否产生药害。一般无机农药如石硫合剂、波尔多液等混用后可增强农药的水溶性或产生水溶性金属化合物，这种情况下植株易受药害。农药并不能随意配用，有些农药混合没有丝毫价值，有的农药在出厂时就已经是复配剂。如果有同样的防治作用，同样防治对象的药剂加在一起也没有必要。有的农药混合在一起会增加毒性，因此农药混用必须慎重。另外，目前药剂防治技术落后，特别是施药器械落后，在生产中大多使用落后的施药器械，其结构型号、技术性能、制造工艺都很落后，"跑、冒、滴、漏"现象发生严重，导致雾滴大，雾化质量差，用药量很大，难以达到理想的防治效果（视频13）。

视频13
选择先进喷雾
器械提升病虫
草害防治效果

　　当前，农业生产已逐步进入现代农业期，农作物生产由单纯追求产量、效益逐步转向高产、优质、高效、生态、安全并重发展的新阶段。农作物病虫害防治作为一项重要的保产措施，其内容、任务也发生了新变化。因此，要树立"公共植保，绿色植保"的理念，既要有效地控制病虫害的发生，保证农产品的质量安全，又要有效地控制化学农药对生态环境及农产品的污染，保证农产品的质量和环境安全。

图书在版编目（CIP）数据

设施蔬菜生产关键技术一本通 / 高丁石等主编 . —北京：中国农业出版社，2022.4
（码上学技术 . 蔬菜生产系列）
ISBN 978 - 7 - 109 - 29308 - 3

Ⅰ . ①设… Ⅱ . ①高… Ⅲ . ①蔬菜园艺－设施农业 Ⅳ . ①S626

中国版本图书馆 CIP 数据核字（2022）第 057823 号

设施蔬菜生产关键技术一本通
SHESHI SHUCAI SHENGCHAN GUANJIAN JISHU YIBENTONG

中国农业出版社出版
地址：北京市朝阳区麦子店街 18 号楼
邮编：100125
责任编辑：郭银巧　文字编辑：王禹佳
版式设计：杜　然　责任校对：范　琳
印刷：中农印务有限公司
版次：2022 年 4 月第 1 版
印次：2022 年 4 月北京第 1 次印刷
发行：新华书店北京发行所
开本：880mm×1230mm 1/32
印张：5　插页：2
字数：150 千字
定价：28.80 元